国家自然科学基金项目（51004077）

山东省优秀中青年科学家科研奖励基金项目（BS2010CL046）　联合资助

国家星火计划项目（2010GA740105）

绿色环保节镍型不锈钢粉末的
制备及其成形技术

崔大伟　著

中国环境出版社·北京

图书在版编目（CIP）数据

绿色环保节镍型不锈钢粉末的制备及其成形技术/
崔大伟著. —北京：中国环境出版社，2013.11
ISBN 978-7-5111-1626-0

Ⅰ. ①绿… Ⅱ. ①崔… Ⅲ. ①不锈钢—粉末冶
金—制备—无污染技术 Ⅳ. ①TF764

中国版本图书馆 CIP 数据核字（2013）第 260663 号

出版人 王新程
责任编辑 孔 锦 郭媛媛
助理编辑 李雅思
责任校对 唐丽虹
封面设计 刘丹妮

出版发行 中国环境出版社
（100062 北京市东城区广渠门内大街 16 号）
网 址：http://www.cesp.com.cn
电子邮箱：bjgl@cesp.com.cn
联系电话：010-67112765（编辑管理部）
010-67187041（学术著作图书出版中心）
发行热线：010-67125803，010-67113405（传真）
印 刷 北京市联华印刷厂
经 销 各地新华书店
版 次 2013 年 11 月第 1 版
印 次 2013 年 11 月第 1 次印刷
开 本 787×960 1/16
印 张 10.75
字 数 153 千字
定 价 48.00 元

序

    节镍型高氮奥氏体不锈钢作为一类资源节约、环境友好的绿色先进材料，以廉价氮替代贵金属镍，节约大量镍资源，显著降低了奥氏体不锈钢的生产成本，同时氮的强化作用使得这类不锈钢强度、硬度及耐磨耐蚀性远高于传统镍铬奥氏体不锈钢。此外，此类钢无镍或低镍的成分特点也解决了当前含镍奥氏体不锈钢用作人体植入材料时造成的"镍敏"危害。因此，节镍型高氮奥氏体在能源、建筑、石油化工、交通运输、核工业、海洋工程、医疗外科等领域都具有广阔的应用前景。

    粉末注射成形作为当今最先进的粉末冶金近终成形技术之一，是现代先进塑料注射成形技术和传统粉末冶金技术相结合的产物，其独特的工艺特点和技术优势，能够高效、大批量地生产几何形状复杂、性能优异、尺寸精度高的不锈钢零部件，还可以实现全自动连续工业化生产，实现少或无切削加工，最大限度节省原材料，降低不锈钢的成本，因此被认为是极具发展潜力的高氮不锈钢工业化制备技术之一，其产业化前景十分广阔。

本书作者在机械合金化、粉末固态成形及烧结理论的基础上,结合大量的实验研究,采用机械合金化技术合成了近球形的无镍高氮不锈钢粉末,随后通过粉末注射成形和放电等离子烧结工艺制备了综合性能优异的无镍高氮奥氏体不锈钢制品,对制粉、注射、脱脂、烧结、氮化等各相关工序工艺参数和理论技术问题进行了系统深入研究,也对无镍高氮奥氏体不锈钢制品的微观组织、力学性能、耐腐蚀性能及形状尺寸精度进行了全面分析和评价。

我相信该书的出版对于推动我国节镍高氮奥氏体不锈钢的开发及应用具有重要的意义,也为发展我国自主知识产权的高强耐蚀节镍不锈钢近终形零部件的工业化生产技术提供了宝贵的理论和技术基础。

田建军

2013 年 9 月

前　言

　　通过研究机械合金化工艺对原料粉末微观形貌、组织结构、氮含量及其分布的影响规律，探讨了高能球磨过程粉末发生合金化、氮化及球形化的动力学行为。通过研究机械合金化节镍高氮不锈钢粉末的堆积、物理特性，粉末注射喂料的流变行为、注射性能以及注射成形坯的脱脂动力学过程，通过重点探索粉末注射脱脂坯的烧结致密化规律、氮迁移扩散行为、烧结体组织性能及机械合金化节镍高氮不锈钢粉末的放电等离子烧结特性，丰富和完善了粉末固态成形过程的相关理论，揭示并优化了影响各工序产品质量的关键工艺参数，并确定了最佳工艺条件。

　　在上述研究的基础上，确立了用机械合金化技术稳定、低成本制备球形度好、氮含量高、粒度细小、装载量和烧结活性高，较好满足后续注射成形工艺要求的节镍高氮不锈钢粉末的工艺路线，同时确定了机械合金化—粉末注射成形坯的最佳注射、脱脂和烧结工艺条件，获得了烧结致密度、氮含量及组织性能达到最优组合的高品质节镍高氮奥氏体不锈钢，建立了机械合金化—粉末注射成形制备节镍高氮奥氏体不锈钢近终零部件的工艺原理和新技术。

本书是有关绿色节镍型高氮不锈钢的制备、组织性能及应用方面的专著，是作者近几年科研成果的总结。本书在写作过程中得到了北京科技大学曲选辉、贾成厂教授的大力支持与帮助，同时感谢李科、安富强、路新、任书斌、王天剑等提供的热心帮助和支持。

由于作者水平有限，书中错误和不妥之处在所难免，恳请广大读者批评指正。

著 者

2013 年 9 月

目　录

引　言

　　奥氏体不锈钢作为不锈钢中钢号最多、生产和使用量最大的一类（占不锈钢总产量的 65%～70%），是不锈钢中最重要的钢种。它具有良好的抗腐蚀性和较佳的生物相容性，良好的加工性和焊接性，并且无磁性，因而在化学、海洋工业、食品、生物医学、石油化工等行业中得到广泛的应用[1]。目前使用的奥氏体不锈钢以镍铬不锈钢为主，但其存在一些明显的不足。首先，由于其硬度偏低（HV200～250），又不能通过相变进行强化，耐磨性较差，因此限制了材料的使用范围。其次，奥氏体不锈钢当前大量应用于人体植入体、牙齿矫形托槽和各种外科手术器械，然而许多实验和应用结果表明：现用的奥氏体不锈钢中的镍会被人体的汗水、唾液等体液浸出，并对部分人群产生人体过敏反应，导致肿胀、发红、瘙痒和多种并发症，从 20 世纪 90 年代中期开始，许多欧洲国家已限制使用含镍不锈钢作为植入体和各种与人体直接接触的器械，这就使得无镍不锈钢的研制变得十分迫切[2]。最后，从价格方面来说，镍作为一种贵重稀缺金属，提高了奥氏体不锈钢的成本，也限制了其应用。由于上述原因，近年来新型高强耐蚀无镍不锈钢的研究已成为材料科学与工程学科中的一个十分活跃的前沿领域[3-4]。

　　氮是强烈的奥氏体形成和稳定化元素。研究表明，在奥氏体不锈钢中，利用氮来部分取代或者与锰元素结合来完全取代贵金属镍，可以更加稳定奥氏体组织，在显著提高不锈钢强度的同时并不损害延性，而且能够提高不锈钢的耐腐蚀性能，特别是耐局部腐蚀能力（如晶间腐蚀、点腐蚀和缝隙腐蚀等）。同时，氮在自然界大量存在，成本低廉。正是由于产品质量和成本方面的双收益，使得高氮奥氏体不锈钢的研究在国际上获得了迅速发展。高氮钢通常是指那些氮含量（质量分数）在0.4%以上的钢。早在20世纪50~60年代，高氮钢的研究就曾出现过一个热潮。但是，由于氮常压下在液态铁中的溶解度很低（0.045%），采用传统的常压冶炼和加工技术无法获得所需的高氮含量，因此高氮不锈钢在很长时间内没有实现工业化生产和应用。随着合金加压冶炼与加工技术的发展，80年代国际上再次掀起了高氮不锈钢研究的热潮，开发出了加压感应炉熔炼、热等静压熔炼、加压等离子熔炼、加压电渣重熔熔炼、反压铸造法等新技术[5-6]，成功冶炼出多种新型无镍或低镍含氮不锈钢材料。但是上述生产技术在不同程度上都存在设备复杂、高压气体危险、工艺控制困难和生产成本高等问题。

粉末冶金技术可以获得细晶组织，可以通过非平衡方法获得过饱和的含氮固溶体和细化析出相，有利于获得更好的力学和耐蚀性能。同时粉末冶金近终形成形技术，如粉末注射成形等可以直接制备出形状复杂的零件。因此，近年来，粉末冶金含氮不锈钢的研究得到了各国的广泛重视[7-8]。通过粉末冶金途径生产高氮钢的方法主要有液相高压渗氮雾化（如高压气体雾化、离心雾化等）和固态粉末扩散渗氮等方法。但前者存在工艺成本高，粉末粒度和氮含量很难准确控制等缺点，并且鉴于氮在固态奥氏体不锈钢中的固溶度要比液态中的溶解度高得多的实验事实，人们开始尝试采用粉末固态扩散渗氮法制备含氮不锈钢粉末。作为往钢中加氮的方法，固相粉末渗氮法要比熔炼法能够往钢中添加更多的氮,因为粉末的比表面积很大,所以有可能在短时间内吸收大量氮。为了进一步提高粉末的吸氮量并获得性能良好、结构致密的粉末冶金高氮奥氏体不锈钢,引入机械合金化技术来制备高氮不锈钢粉末是一个很好的途径,如文献[9]采用在氮气气氛中高能球磨纯铁粉末,获得了氮含量超过 1.0%的高氮粉末。机械合金化(Mechanical Alloying,MA)是一种材料固态非平衡加工新技术,就是将欲合金化的元素粉末按一定配比机械混合,在高能球磨机等设备中长时间运转,将回转机械能传递给粉末,同时粉末在球磨介质的反复冲撞下,承受冲击、剪切、摩擦和压缩多种力的作用,经历反复的挤压、冷焊合及粉碎,在粉末原子间相互扩散或进行固态反应形成弥散分布的超细粒子合金粉末的过程[10]。机械合金化在制备含氮不锈钢粉末方面有许多独特优势[11]:它可以实现粉末间的固态合金化或与气氛反应形成高氮含量的过饱和固溶体;通过选择合适状态的原料粉末,可以获得近球形的包覆复合粉末;此外,机械合金化粉末中存在大量的晶格畸变和晶体缺陷,烧结活性较高,容易获得更高的烧结密度。

本书主要采用机械合金化法获得高氮含量的无镍不锈钢粉末,并利用粉末注射成形技术直接制备零件样品。通过研究球磨粉末形貌、相组成、氮含量的变化规律,通过探讨机械合金化粉末喂料的流变行为和注射成形坯的脱脂、烧结特性,为发展无镍高氮奥氏体不锈钢零件的机械合金化—粉末注射成形技术奠定理论和技术基础。

第 1 章 概 述

1.1 不锈钢概论

不锈钢是 20 世纪重要发明之一。1913 年英国研究者 Brearly 首先开发了具有良好耐蚀性能的铁铬合金，这就是最简单的 Fe-13%Cr 型不锈钢。1929 年德国人 Strauss 取得了 18-8 型奥氏体不锈钢（18%Cr，8%Ni）的专利权，1931 年德国学者 Houdrouet 为解决晶间腐蚀问题，用钛稳定碳化物，又发明了含钛的 18-8 型不锈钢，与此同时，法国 Unieux 实验室发现奥氏体不锈钢中的铁素体相可改善晶间腐蚀性能，从而开发了 α+γ 双相不锈钢。1946 年美国 Smithetal 研制了马氏体沉淀硬化不锈钢和半奥氏体沉淀硬化不锈钢（即 17-4PH 和 17-7PH 等）。至此，不锈钢家族中的五大类型即铁素体不锈钢、马氏体不锈钢、奥氏体不锈钢、奥氏体-铁素体双相不锈钢和沉淀硬化不锈钢相继问世并获得了工业应用[12]。

不锈钢自身具有很多优异的性能，除了良好的耐腐蚀性、抗氧化性外，还具有漂亮的外观、高的抗拉强度、韧性、抗冲击性等力学性能。因此，问世虽然仅仅只有 90 余年的历史，但从发明到初期工业化再到现代工业化大生产，其品种、产量、性能和生产技术都取得了高速的增加和发展，至今已形成一个有 300 多个牌号的系列化的钢种，不锈钢产量已占世界钢总产量的 2%以上，不锈钢在石油、化工、能源、航空航天、海洋开发直到环保、食品、建筑、医药乃至日常生活领域得到了日益广泛的应用[13]。

铬是不锈钢的最重要的合金元素，当铬含量高于 12%时，钢的表面形成一层具有钝化作用的致密 Cr_2O_3 表面膜。随着含铬量的提高，钢的耐蚀性也迅速提高，当铬含量达到 1/8，2/8，3/8，…，$n/8$ 时钢的耐蚀性按照固溶体 $n/8$ 规律获得提高。此外，所有其他合金元素起着或多或少重要的作用（表 1-1）。根据对钢的显微组织的作用，合金元素可以分为：铁素体形成元素，稳定体心立方铁素体晶（α-铁）；奥氏体形成元素，稳定面心立方奥氏体晶（γ-铁）。不锈钢按合金成分大致可分为 Cr 钢和 Cr-Ni 钢两大系列，分别以 13%Cr 和 18%Cr-8%Ni 钢为代表。近年来随着不锈钢应用领域的拓展，为了满足石油、化工、电力、军工和海洋开发业等对其性能的更加苛刻的要求，又研制和开发了高耐腐蚀不锈钢、氮合金化不锈钢、高成形性不锈钢、高强和高硬不锈钢、耐热抗氧化不锈钢等新钢种[15-17]。

表 1-1 不锈钢中合金元素的作用[14]

合金元素	基体组织	作用
铬	铁素体形成元素	使钢钝化的主要合金元素；提高耐腐蚀性
钼	铁素体形成元素	提高还原介质中的耐腐蚀性；提高存在氯离子时的耐点腐蚀性；提高热强度
硅	铁素体形成元素	促进抗氧化皮的形成；抗高浓度 HNO_3（高硅含量）
钛	铁素体形成元素	提高耐晶间腐蚀性（与碳和氮结合）
铌	铁素体形成元素	提高耐晶间腐蚀性（与碳和氮结合）
镍	奥氏体形成元素	和铬同为主要合金元素；扩大奥氏体相区；提高耐腐蚀性；提高耐应力腐蚀性

合金元素	基体组织	作用
锰	奥氏体形成元素	在 Cr-Ni 钢中抑制奥氏体转化为马氏体
碳	奥氏体形成元素	重要的伴同元素；在奥氏体和铁素体中尽可能低；决定马氏体钢的硬化
氮	奥氏体形成元素	提高奥氏体的强度（相同韧性时）；提高耐腐蚀性
铜	—	提高奥氏体的耐腐蚀性；在镍马氏体中为沉淀硬化
硫	—	提高机加工性；降低耐腐蚀性

1.2 高氮奥氏体不锈钢

1.2.1 高氮钢发展概述

从广义上讲，高氮钢是指合金元素氮的含量高于常压下（0.1 MPa）氮在钢中平衡溶解度的所有钢种。从狭义上讲，仅指氮含量较高的不锈钢。为了有别于普通含氮不锈钢，一般认为基体组织为奥氏体且含氮量超过 0.4%，或基体组织为铁素体且含氮量超过 0.08%的钢才可称为高氮钢[18]。20 世纪 20～30 年代，由于战争导致镍的缺乏，激发人们开始研究使用氮来取代部分镍来稳定奥氏体。在 50～60 年代，用氮作为钢中合金元素的研究曾经有过一个热潮，出现了以 Mn、N 代替 Ni 的代表性奥氏体不锈钢种。但由于常压下氮在液态铁中的溶解度很低，受当时熔炼工艺及设备的限制，高氮钢的大规模生产一直未能实现。随着冶炼新技术的发展以及有关氮合金化热力学知识的积累，20 世纪 80 年代末期，高氮钢的研究热潮再次涌现。人们相继开发了高压等离子弧熔炼、加压电渣重熔熔炼、反压铸造以及粉末冶金等新工艺，这些工艺的出现使得生产高氮钢的技术更加成熟，高氮钢的生产也逐渐走向规模化。

1988—2006 年，关于高氮钢的国际会议已召开了 9 次，可见研究的兴隆之势[19]。先后有德国、奥地利、日本、瑞士、美国、保加利亚、俄罗斯、法国、瑞典、意大利、印度、朝鲜等国开展了研究。其中，德国、奥地利、保加利亚已投入工业性生产。目前高氮钢的研究领域正不断扩大，研究种类也由原先的奥氏体类钢扩展到各种类型的钢种，甚至一些高氮高温合金。表 1-2 汇集了高氮钢的分类、含氮量、主要钢种及其性能特点的概况[20]。

表 1-2　高氮钢的分类、含氮量、主要钢种及其性能特点

分类	氮含量/%	主要钢号	性能特点
奥氏体不锈钢	1.20~2.80	Cr18Mn11N Cr18Mn12Si2N0.7 Cr25Mn11Si3N Cr15Ni4Mo2N	① 室温强度显著提高，低温冲击韧性明显改善；② 持久强度提高而断裂韧性不明显下降；③ 有优良的耐蚀性，抗应力腐蚀；④ 奥氏体化稳定，无磁化稳定
铁素体不锈钢	0.08~0.60	Cr12MoVN	高温蠕变改善，蒸气透平叶片工作温度提高到 873K
高速工具钢	<0.20	W6Cr5V2N W5Cr5V2N W2Cr6V2N	① 结晶组织细小； ② 氮化物弥散分布，不易聚集； ③ 热硬性强，黏着系数低
热作模具钢	0.02~0.16	55NiCrMoV7N 3Cr4Mo2VN30W CrMoVN	① 结晶组织细小； ② 易加工，强度及韧性改善； ③ 工作温度提高到 973K
冷作模具钢	0.05~0.60	155CrVMoN	工作温度提高到 773K
结构钢	0.05~0.20	38CrNi3MoVN	韧性改善，冷脆转折温度明显下降

1.2.2　高氮钢中氮的强化作用

氮在不锈钢中的作用最主要的体现在三方面：对不锈钢基体组织的影响，

对不锈钢力学性能的影响和对不锈钢耐蚀性能的影响。

1.2.2.1　氮对奥氏体组织的影响

氮是非常强烈地形成并稳定奥氏体且扩大奥氏体相区的元素，它稳定奥氏体的能力约为镍的 25 倍。为了进一步确定钢中氮与镍的对应关系，人们提出了许多镍当量的计算公式，其中 Simmons 等提出的较为精确[21]：

$$Ni_{eq} = Ni + 0.12Mn - 0.0086Mn^2 + 30C + 18N + 0.44Cu \qquad (1-1)$$

从式（1-1）中可以看出，氮对不锈钢基体组织的影响是相当强烈的。氮的这种作用使其在不锈钢中可以代替部分镍，降低钢中的铁素体含量，可以使奥氏体更稳定，防止有害金属间相的析出，甚至在冷加工条件下可避免出现马氏体转变。

高氮钢的显微组织与氮的含量有关。当氮含量超过其固溶度极限时就会以氮化物形式析出。但是对先析出相还没有定论，一般认为是 Cr_2N 相[22-23]。氮稳定奥氏体的能力亦大于碳，氮降低 Cr 在钢中的扩散系数，阻碍碳化物形核及长大，因为加入氮会降低 $M_{23}C_6$ 的晶格参数，增加了界面位错，这将延缓其生长动力。

1.2.2.2　氮对力学性能的影响

人们对氮在不锈钢中的作用最感兴趣的是其在力学性能方面的表现。很多含氮钢和高氮钢的工作都是围绕氮的这一作用开展的[24-27]。氮对不锈钢力学性能的影响突出表现为：氮在显著提高不锈钢强度的同时，并不显著降低材料的塑韧性。Simmons 等人的研究结果证实了这一点，如图 1-1 和图 1-2 所示[28]。此外，氮也提高不锈钢的抗蠕变、疲劳、磨损能力。

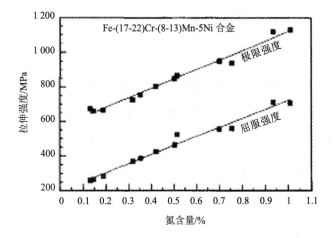

图 1-1　氮含量对不锈钢拉伸强度的影响

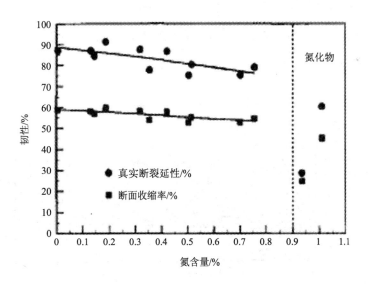

图 1-2　氮含量对不锈钢韧性的影响

氮的强化效应比碳和其他合金元素更强的原因在于[20]：氮在钢中以间隙固溶形式存在，其原子占据在八面体间隙位置，因此氮原子更易于在固溶体中均匀分布；铁基和氮化物之间的界面能小于铁基和碳化物之间的界面能，所以氮化物更易形成弥散的细小强化相；氮降低奥氏体中密排不完全位错，限制了含间隙杂质原子团的 Splintered 位错运动；高氮奥氏体钢中的平面位错间的距离更大，使蠕变期间出现的位错攀移矢量增加，所以钢的蠕变速率减小。大量的实验数据表明：在奥氏体不锈钢中每加入 0.10%的氮，其强度（$\sigma_{0.2}$，σ_b）提高 60～100 MPa。因此氮的大量加入可使奥氏体不锈钢达到非常高的强度，这为研究高强高韧奥氏体不锈钢提供了途径[29]。

高氮钢的屈服强度由三部分组成，即基体强度、氮原子间隙固溶在奥氏体面心立方晶格中导致的固溶强化和晶界强化。氮的固溶强化减缓了钢的回复速率。氮的晶界强化效应可用 Hall-Petch 方程描述[30]。在 295 K，Fe-Cr-Ni 基奥氏体不锈钢中，各合金元素对奥氏体不锈钢屈服强度的影响如图 1-3 所示，可见氮是最有效的固溶强化元素[31]。

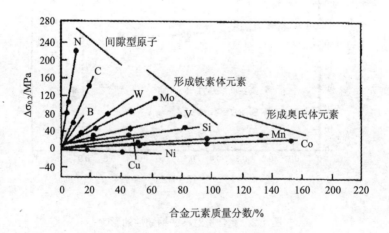

图 1-3　各种合金元素对不锈钢屈服强度的影响

氮对奥氏体不锈钢的形变硬化作用也很显著，氮的增加导致滑移平面和形变孪晶增加，而活跃的滑移面和孪晶层则有效地阻止了位错运动和孪晶扩展，从而强烈增加了奥氏体钢的形变硬化率[28, 32]。此外，许多研究结果表明氮增加奥氏体不锈钢的疲劳性能，提高疲劳寿命，氮的作用被归结为增多了平面滑移和减少了局部应变[33-35]。

1.2.2.3　氮对耐腐蚀性能的影响

氮提高奥氏体不锈钢的耐腐蚀性能，特别是耐局部腐蚀性能如晶间腐蚀、点蚀和缝隙腐蚀。奥氏体不锈钢敏化态晶间腐蚀的机理主要是贫铬理论，非敏化态晶间腐蚀机理主要是杂质元素偏聚理论。前者因为碳化铬在晶界的沉淀析出而导致晶界含铬量减少，从而耐腐蚀性下降。氮的加入可以提高普通低碳、超低碳奥氏体不锈钢耐敏化态晶间腐蚀性能，在钢中有钼时作用更明显。氮的作用机理主要认为是氮阻碍富铬碳化物的形核和长大过程，在含氮高的钢中虽有氮化铬在晶界析出，但由于氮化铬沉淀速度很慢，敏化处理不会造成境界贫铬，对敏化态晶间腐蚀影响很小[36]。关于氮对奥氏体不锈钢耐非敏化态晶间腐蚀性能的影响研究很少，结论也不统一。许崇臣等[37]研究认为含氮质量分数不是很高时（≤0.086 8%）对非敏化态晶间腐蚀影响很小，而过高时由于在晶界氮元素的偏聚以及氮化铬的析出会加速非敏化态晶间腐蚀。

大量研究表明，氮显著提高奥氏体不锈钢耐点腐蚀性能[38-40]。氮有助于形成初次膜及以后的含铬钝化膜，引起点蚀的有效电压、点蚀电位和保护电位均随氮含量的增加而增加。氮对点腐蚀、缝隙腐蚀的作用机理主要有[40-43]：① 酸消耗理论：氮在溶解时形成 NH_4^+，在形成过程中消耗 H^+，从而抑制了 pH 值的降低，减缓了溶液局部酸化和阳极溶解，抑制点蚀的自催化过程。② 界面氮的富集：氮在钝化膜/金属界面靠近金属一侧富集，影响再钝化动力学，可迅速再钝化，从而抑制点蚀的稳定生长。③ 氮与其他元素的协同作用：氮强化 Cr、Mo 等元素在奥氏体不锈钢中的耐蚀作用，抑制铬、钼等的过钝化溶解，可在局部腐蚀过程中形成更有抗力的表层；氮的加入使钝化膜进一步富 Cr，提高膜的稳定性和致密性。

缝隙腐蚀和点腐蚀很相似，一般认为有良好耐点腐蚀能力的合金也具有良好的耐缝隙腐蚀能力。氮的加入促进阳极液的酸化和活性溶解，随着氮含量的增加，腐蚀的渗透深度降低，缝隙腐蚀的传播扩展率降低。氮的有益作用可归因于氮形成 NH_4^+，从而延长孕育期并降低渗透率[44]。大多数研究人员认为增加氮含量可以降低应力腐蚀开裂倾向，这主要是因为氮降低铬在钢中的活性，氮作为表面活性元素优先沿晶界偏聚，抑制并延缓 $Cr_{23}C_6$ 的析出，降低晶界处铬的贫化度，改善表面膜的性能[26]。此外，研究还表明高氮奥氏体不锈钢具有优异的抗气蚀性能[45-47]，这一结果对流体机械中的部件如涡轮机、泵和阀门意义十分重要。

1.2.3　高氮钢的制备及生产技术

高氮钢生产的关键问题是提高钢中氮的溶解度，防止冷凝过程中钢内氮的逸出和保证氮在钢内均匀分布。为此，人们研究并开发了许多高氮钢的制备方法，大致有如下几种：

（1）氮气加压熔炼法[48-52]

常压下，氮在液态铁合金中的溶解度很低（1 600℃时仅为 0.045%），这成为限制高氮钢生产的一个最大障碍。但该难题可通过高压熔化来解决，因为根据 Sievert 定律，N 在铁液中溶解度与氮气分压的平方根成正比。目前采用的加压熔炼法主要有热等静压熔炼、加压感应炉熔炼、加压等离子炉熔炼和加压电渣重熔熔炼等。

热等静压熔炼和加压感应炉熔炼是两种在实验室里研制高氮钢的方法。它们都是通过氮气在气-熔体界面发生 $N_2 = 2[N]$ 反应，气体分解后生成的氮原子被吸附进熔体而使钢液中[N]提高。该过程中能影响金属吸氮量的重要参数有：气相-熔体界面的表面积、熔体的温度、对流和氮分压及钢中其他元素对氮溶解度的影响。用热等静压（HIP）炉熔炼高氮不锈钢的一般过程如图1-4所示。对于面心立方结构铁合金，采用此冶炼方法氮的质量分数可从 1 atm[①]下的0.045%增加到4.0%。但这种方法生产的高氮钢氮分布不均匀，铸锭顶端比底端的高。相比 HIP 熔炼方法，加压感应炉的炉容量较大。由于熔炼时熔体受到感应搅拌作用而发生对流运动，加快了氮在熔体中的扩散，从而缩短氮达到平衡需要的时间，最后所得铸锭组织也比较均匀。图 1-5 为 Satir-Uocorz 等人生产高氮钢的高压感应炉剖面图，利用该装置生产高氮钢时可将氮分压范围扩大到 10 MPa，生产的钢中氮的质量分数最高达 3.0%以上，但由于在操作和处理大量过饱和氮的钢液时，存在着安全等方面的问题，使得加压感应炉的大规模生产未能获得进一步发展。

---

① 1 atm=1.013 25×10^5 Pa。

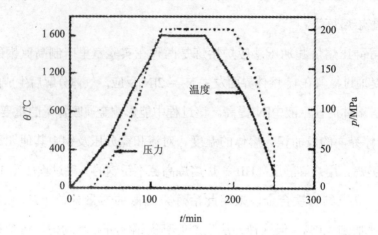

图 1-4　在 HIP 炉中氮气氛下熔炼的温度和压力关系图

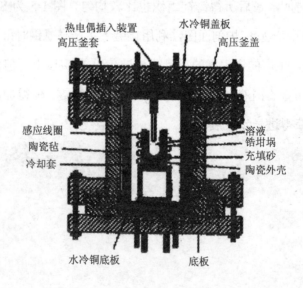

图 1-5　高压感应炉的剖面

加压等离子炉熔炼是利用等离子弧作为热源来熔化、精炼和重熔金属，氮分子在等离子弧中分离成原子或离子的形式供给液体金属。液态金属的吸氮量取决于氮气的分压、熔炼速率以及等离子弧的条件等。此工艺优点在于用等离子弧可以加速钢水的渗氮，而且金属杂质含量较低，能减少挥发性元素（如 Mn 和 Cr）的损失，不用加入含氮合金就能得到较高的氮浓度。其不足之处是等离子的条件控制，因而对氮含量也就难于精确控制，另外在氮含量均匀分布方面也存在一些问题。

加压电渣重熔工艺与电渣重熔工艺原理相同。仅有的差别是前者要求在一个密闭压力容器中进行电渣重熔。与前述方法不同，它不能借助于气体渗氮，熔融期间必须持续不断地添加固态的含氮合金（如颗粒状的氮化硅），系统持续的压力保证将氮导入金属液中，压力大小取决于合金的成分和所要求的含氮量。整个熔炼过程中还必须注意电极的熔化速率、添加料通过渣层的运动速度、熔体的对流和温度，以保证成分均匀性。目前最先进的加压电渣重熔设备可以在 4.2 MPa 的氮分压下生产直径达 1 000 mm 的 20 t 锭子。该工艺不足是生产成本高、成分均匀性不易控制、成品率低等。

（2）反压铸造法[49, 53]

在常规冶炼条件下，当钢液中含氮量较高时，氮在凝固过程中形成气体并逸出，使钢锭内外出现气孔，严重时钢铁表面会呈蜂窝状。保加利亚的 Rashev 等人经过多年努力发明了高氮钢反压铸造法，成功解决了前述难题。图 1-6 是 Rashev 等的反压铸造装置示意图。感应炉中的钢水渗氮至给定浓度之后，靠压差将其向上压入模内，并在高压下凝固。由于固相钢中氮的溶解度通常要大于液相中的氮溶解度，因此凝固时所需的气压远大于渗氮过程。反压铸造法的优点是：通过反压装置使合金化与凝固过程在时间和空间上加以分开；氮在钢锭纵向和横截面上分布均匀；易加入低熔点易挥发金属（如 Ca、Pb、Mg 和 Zn）。但这种方法问世之后，未能发展成大生产的手段，主要的阻力是凝固时所需的气压太大，使得它所能制造的钢锭吨位有限。

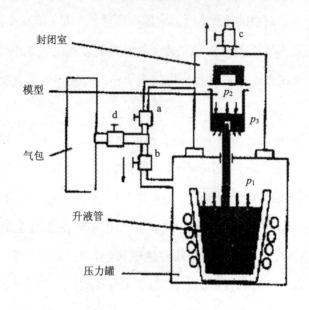

图 1-6　高压反应器结构

（3）粉末冶金法[49, 54-55]

由于粉末冶金技术可以细化晶粒，均匀显微组织，而且氮气在γ相中的溶解度大于它在钢水中的溶解度，如图 1-7 所示，从而激发了人们用粉末冶金技术来制备高氮钢。通过粉末冶金途径生产高氮钢的方法有：① 钢水渗氮后雾化，如高压气体雾化和离心雾化；② 钢水雾化过程中渗氮，如等离子旋转电极熔化-离心雾化法；③ 粉末固态渗氮。

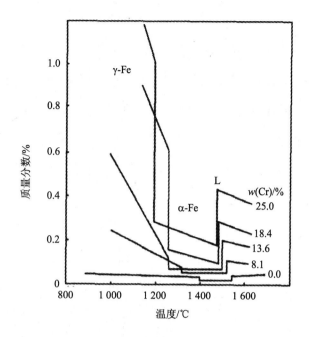

图 1-7 钢中氮溶解度与温度的关系

高压气体雾化这种方法适合于生产商业用高氮钢粉末。首先在氮气氛中进行高压熔炼,使熔体的氮含量提高,然后再采用高压氮气或惰性气体使熔体雾化制成粉末,快速凝固可以保证熔融金属中的氮在急冷过程中不至于析出,同时能使钢粉末中氮含量很高。目前用高压气体雾化工艺生产的高氮钢的含氮质量分数大于 1.0%。

离心雾化的工艺过程是含氮的熔融金属以一股细流冲到正在旋转的盘上,离心力作用将细流打碎成液滴,并通过冲击叶片使液滴进一步粉碎。同时水或液氮的束流也被注入叶片上使金属液滴快速凝固。用液氮做冷却介质由于降低了氧量,能显著提高粉末产品的质量,但对产品的含氮量没有影响。

固态粉末氮化在生产高氮钢方面有其特色:由于大多数金属粉末的直径

小（10～250 μm），因此 N 从粉末表面扩散到心部的距离较短；N 的扩散是间隙式的，扩散速度比镍、铜等置换合金化元素快得多；固态粉末氮化避免了高压液相渗氮所需的昂贵费用和设备，在较低的压力和温度下完成。固态粉末氮化的目标有两方面：首先整个材料的含氮量必须达到需要的值，其次氮元素必须分布均匀。含氮量的宏观分布不均匀必须减小到最低程度，以保证得到所要求的性能。粉末的氮化特性取决于粉末的特性如化学成分、粒度、颗粒形状、表面状态等；粉末料的几何尺寸；工艺参数如氮化温度、压力和时间。固态粉末氮化的氮化剂除了氮气外，还可以采用氨气或氨气+氮气的混合气体等能形成较高氮势的气氛。

在固态粉末氮化工艺中，采用铁基合金粉末在氮气或氨气氛中的机械合金化是十分有效的氮化方法[56, 57]，它进一步提高了粉末的表面活性，增加了其吸氮量，显示出巨大的发展潜力。

1.2.4 无镍高氮奥氏体不锈钢的开发和应用

开发无镍高氮奥氏体不锈钢的原因在于[4, 58]：① 用廉价的氮代替贵重稀缺的镍，降低不锈钢的成本；② 利用氮的强化作用稳定奥氏体，提高使用性能；③ 在生物医学领域，含镍不锈钢中的镍在人体内存在变态反应和金属过敏的问题。许多欧洲国家已立法限制使用含镍不锈钢作为植入体和各种与人体直接接触的器械。

目前国内外关于无镍高氮奥氏体不锈钢的研究正在蓬勃发展，并已研制出了许多无镍和低镍的新钢种，如瑞士的 P.A.N.A.C.E.A.合金，美国的 ASTM316LN、ASTM304LN，日本的 SUS316N、SUS304N，印度的 0Cr16Mn8Ni4CuN、1Cr16Mn9NiCu2N 和中国的 1Cr18Mn10Ni5Mo3N、0Cr19Ni10NbN 等[59-60]。

无镍高氮奥氏体不锈钢因其高强度和耐蚀性，无磁性等优点在石油、化工、钟表、汽车、生物医学领域有着极为广阔的应用前景。特别是在医学领域，用它来制作的人体植入体和直接与人体接触的各种零部件在美国和日本即将获得应用[61]。

1.3 机械合金化的研究

机械合金化（MA）是近年来备受瞩目的一种材料制备新技术，它是 1970 年美国 INCO 公司的 Benjamin 首先提出的一种新的合金化方法，当时主要用于制备在室温和高温下都具有较高强度的氧化物弥散强化超合金，并成功地开发出一系列 INCO-MA 专利，在工业上得到了应用[62]。

直至 20 世纪 80 年代初期，MA 法的主要应用仍是集中于弥散强化合金。1981 年 Yermakov 等人在研究 Y-Co 系球磨后的合金粉末时，发现球磨后 YCo3、Y2Co7、YCo5 等中间相部分或全部转变为非晶相。随后在 1983 年，Koch 等首次利用 MA 法使纯 Ni 粉和纯 Nb 粉合成 Ni60Nb40 非晶合金粉末，并认识到 MA 是一种非常有前途的非平衡过程技术。Yermakov 和 Koch 等的研究标志着 MA 研究进入到一个新的发展阶段。此后，世界各国材料工作者对 MA 研究倾注了极大的热情，机械合金化理论和技术发展迅速，MA 法新材料的合成和应用的报道不断涌现[63]。时至今日，MA 法已经发展为一门重要的材料制备新技术，在材料科学研究中发挥着十分重要的作用，其应用范围也得到了大大的拓展，不仅用于制备高性能的结构材料还用于制备其他各种先进材料，如高性能磁性材料、超导材料、非晶、纳米晶等各种状态的非平衡材料、轻金属高比强材料、功能陶瓷、形状记忆合金、储氢材料、过饱和固溶体等[64]。

国内有关机械合金化的研究工作始于 1988 年，次年在各有关单位申请基金的基础上，由国家自然科学基金委员会适时地组建成重点项目，使国内有关机械合金化的研究工作有计划有组织地开展起来，已取得了令人瞩目的进展。

1.3.1　机械合金化的特点

机械合金化一种很重要的粉末非平衡合成新技术，它是通过高能球磨的方法使欲合金化的粉末在磨球的频繁碰撞过程中发生强烈的塑性变形，冷焊形成具有片层状结构的复合粉末，这种粉末又因加工硬化而破碎，破裂后粉末露出新鲜的原子表面又极易发生焊合，如此粉末反复发生冷焊、碎裂、再焊合的过程，其组织结构则不断细化，最终达到原子级混合而实现合金化的目的[63]。

与传统的熔炼法实现合金化相比，MA 法具有以下特点[62, 63]：① 工艺条件简单经济；② 操作成分连续可调，且产品晶粒细小；③ 能涵盖熔炼合金化法所形成的合金范围，且可对那些不能或很难通过熔炼实现合金化的系统实现合金化，并能获得常规方法难以获得的非晶合金、金属间化合物、超饱和固溶体等材料；④ MA 法在制备非晶或其他亚稳态材料（如准晶相、纳米晶材料、无序金属间化合物等）方面极具特色；⑤ 可在室温下实现合金化。

虽然 MA 法有以上优异的特点，但作为一种新颖的工艺技术，其发展还不够成熟，还存在着一些问题，如材料的氧化和污染等。

1.3.2 机械合金化的机理

MA 过程的机理因研磨体系的不同而不同[65]，可根据研磨物料的延性与脆性，概括为以下三种。

（1）延性组元—延性组元系混合粉末的研磨

在此过程中，粉末物料在研磨介质的反复冲击和摩擦等作用下，首先发生变形与焊合，形成不同粉末相互交叠的层片状组织，即发生冷焊。由于变形，上述复合粉发生了加工硬化。在继续研磨过程中，复合粉发生断裂。这种冷焊与断裂交替进行，致使复合颗粒越来越小。在破碎的同时，不同组元之间还发生原子的扩散，在原子水平上形成了固溶体、金属间化合物甚至非晶相等，即发生了合金化，在研磨过程中引入的大量缺陷又会促进上述扩散过程。这种扩散是在室温下进行的，因而往往形成介稳相及组织。

（2）延性组元—脆性组元系混合粉末的研磨

一般认为在此过程中，脆性组元首先破碎，而延性组元首先发生变形，细小的脆性颗粒处于延性颗粒之间。同时延性的金属由于变形而硬化，且在随后的研磨过程中发生断裂。无论是脆性粒子还是延性粒子，其粒子尺寸都不断减小，最后形成组织均匀的等轴组织或弥散硬质点的复合组织。是否能够形成合金还依赖于脆性组元在延性基上的固溶性。如果几乎不固溶，则几乎不可能形成合金，例如硼-铜系。因此，延性—脆性系统的研磨要形成合金不仅需要颗粒的破碎以便于短程扩散，还需要脆性组元在延性基上有一定的固溶度。

（3）脆性组元—脆性组元系混合粉末的研磨

从直觉上，我们往往认为，由于缺少延性组元而使焊合无法发生，致使在这种情况下不可能形成合金。但是在一些脆性—脆性系粉末材料如 Si-Ge、Mn-Bi 等的研磨过程却发现了合金化行为。目前对脆性组元—脆性组元系的 MA 机理尚不清楚,但是脆性组元之间发生了原子的扩散是可以肯定的,在这一过程中还可能发生了塑性变形。原子扩散的可能机制有:研磨过程中的局部升温;无缺陷区的微观变形;表面变形;粉末所受的静水压力状态。

因此,材料在研磨过程中界面及其他晶体缺陷的增加和不同组元间原子的扩散是 MA 的共性。而组元本身的性质、不同组元间的交互作用以及外界条件的影响决定了 MA 的结果。这些因素也造成了 MA 过程的复杂性。

1.3.3 机械合金化过程的固态转变

1.3.3.1 MA 法形成非晶合金[66-69]

目前,非晶材料是应用最广泛的非平衡材料。与非晶合金的其他制备方法如快速凝固、电解沉积等相比,MA 法的优点在于:一是它可以扩大合金系的非晶形成范围,且 MA 不经过气态、液态可直接在固态下进行反应,并有利于改善非晶合金的电学、磁学和热学性能;二是 MA 易于产业化,既可以大量地、经济地制备低维非晶粉末,又可以将非晶粉末在一定的工艺下固结成为大块非晶合金。机械合金化形成非晶的过程一般认为有以下几种方式:

① 混合粉末直接非晶化,即 $m\mathrm{A}+n\mathrm{B}\rightarrow(\mathrm{A}_m\mathrm{B}_n)$ 非晶;② 通过形成晶态材料,再转化为非晶态,即 $m\mathrm{A}+n\mathrm{B}\rightarrow(\mathrm{A}_m\mathrm{B}_n)$ 晶态 $\rightarrow(\mathrm{A}_m\mathrm{B}_n)$ 非晶;③ 首先形成固溶体,再转化为非晶;④ 混合粉末形成中间化合物,再非晶化,即混合粉末→中间化合物→非晶相;⑤ 混合粉末形成纳米晶,最后形成非晶,即有序相→无序相→纳米晶→非晶相。

1.3.3.2 MA 法形成过饱和固溶体[70-71]

在平衡条件下固溶度很小的或互不相溶的元素，通过机械合金化都可以形成过饱和固溶体的亚稳组织。譬如，Al-Fe 系经高能球磨后，Fe 在 Al 中的原子固溶度达到 10%；Fe-Cu 系是具有很大的正混合热的不固溶体系，经机械合金化后，60%的 Fe 原子固溶于面心立方结构的 Cu 中；Cu-Cr、Al-Zn、Cu-W 等多种互不相溶的体系也都可以通过 MA 过程形成过饱和固溶体。由于在互不相溶的体系中不存在热力学的负混合熔，因此要在球磨中合金化，必须引入足够的能量。

1.3.3.3 MA 法形成纳米晶[72-73]

纳米晶材料是晶粒尺度在 1～100 nm 的多晶材料。由于纳米晶材料具有小晶粒和高晶界深度的特征以及由此而产生的小尺寸效应、量子效应和晶界效应，使其表现出独特的力、电、磁、光、声等性能。制备纳米材料的方法有：惰性气体冷凝、非晶晶化、机械合金化和大塑性变形法等。机械合金化是一种制备纳米晶材料的有效方法，利用机械合金化法制备纳米晶亚稳材料，其显著的优点是设备简单、成本低廉、体系广、产率高、适宜大规模产业化生产，并且制备的纳米晶材料在电、磁、光等物理性能上不同于其他方法。近期研究表明，多种元素粉末、金属间化合物和非互溶系粉末都可以通过球磨而形成纳米晶材料。机械合金化形成纳米晶材料的途径有两类：① 粗晶材料在高能球磨过程中经过激烈的变形，发生分解而获得纳米晶；② 非晶态合金在球磨过程中晶化形成纳米晶材料。

1.3.4 反应球磨

近几年来，MA 技术又有了新发展，即利用球磨过程中诱发的低温化学反应制备性能优异的金属或陶瓷材料。研究表明[74]，MA 过程可以诱发常温或低温下难以进行的固-固（S-S）、固-液（S-L）和固-气（S-G）多相化学反应，利用这些反应能制备出性能优异的结构材料和功能材料。Chen 等[75]低温下分别在氮气和氨气中球磨纯铁粉末时实现了固-气之间的化学反应，制备了 Fe_3N、Fe_4N 化合物粉末。Zhuge 等[76]在室温下球磨α-Fe 粉末和 m-苯二胺（$C_6H_4(NH_2)_2$）发生固-固反应生成了 ε-$Fe_{2\text{-}3}N$ 相。这种利用金属或合金粉末在球磨过程中与其他单质或化合物之间的化学反应而制备出所需材料的技术就称之为反应球磨技术（RBM）。反应的机理主要有以下三类[77-79]：

（1）界面反应机理

在球磨过程中粉末系统的活性达到足够高时，球与粉末颗粒相互碰撞的瞬间造成的界面温升诱发了此处的化学反应，反应产物将反应剂分开，反应速度取决于反应剂在产物层内的扩散速度。由于球磨过程中粉末颗粒不断发生断裂，产生大量的新鲜表面，反应产物被带走，从而维持反应的连续进行，直至整个过程结束。Fe、Ti、Al-Ta/N_2 系统的反应属于此类。

（2）固溶-分解机理

即反应剂元素在金属基体内扩散形成过饱和固溶体，随后进一步球磨或热处理则过饱和固溶体分解，生成金属化合物。Fe/N_2、Ni/C、Ni/Si 系统的反应属于此类。

（3）自蔓延燃烧反应机理

对那些放热量很大的化学反应系统，启动反应需很高的加热温度，但在球磨过程中由于组织细化、系统储能很高，使系统反应启动所需的临界温度（T_{ig}）下降，直到某一瞬间碰撞处界面温度 $T_c > T_{ig}$ 时，此处反应被启动，放出的大量热量使反应迅速完成。不同的球磨工艺和反应系统中反应启动所需的临

界球磨时间 t_{ig} 不同。CuO/Ti 和 V_2O_5/Al 系统的反应属于此类。

1.3.5 球磨设备

目前常用的球磨设备主要有：搅拌式、振动式、立滚式、行星式等[65]，如图 1-8 所示。另外基于各种研究目的，还有某些作者自行设计的振摆、行星振动式等。其中振动式与行星式能量较高。振动式磨机中，磨球的运动轨迹简单，便于模拟计算；行星式每次可同时制备多种粉末，但模拟计算和气氛保护比较困难；立滚式通常尺寸较大（一般大于 1 m），适合于大规模生产。磨球主要是淬火钢球，也有玛瑙球、刚玉球、碳化钨球等。球磨的能量与磨机和磨球的种类、功率选用等均有关系，影响因素较为复杂。

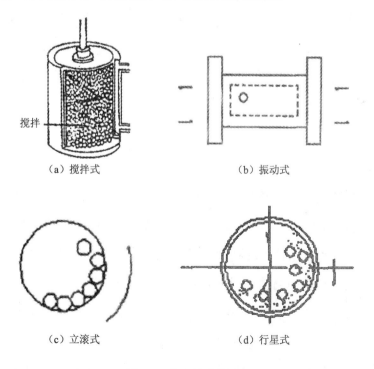

搅拌

（a）搅拌式　　　　　　　　　　（b）振动式

（c）立滚式　　　　　　　　　　（d）行星式

图 1-8　常用的球磨设备

1.3.6　影响机械合金化过程的因素

机械合金化是一个复杂的过程，影响机械合金化过程的因素很多，包括磨球尺寸和球料比、球磨气氛、球磨转速、球磨时间、过程控制剂等[80]。磨球尺寸和球料比、球磨转速都会影响体系的放热效应和热释放行为以及粉末的细化程度；活性的气氛会参与球磨过程的反应，这些因素对机械合金化的相变行为和过程都有很大的影响。

（1）球磨介质[62, 74]

磨球的材料、尺寸和硬度等都是重要的工艺参数。磨球要有适当的密度和尺寸以便对球磨物料产生足够的冲击。磨球材料不同，弹性模量、密度、硬度等性能参数不同，使磨球发生碰撞时冲击力与冲击功不同，传递到被球磨粉末上的球磨能量就不一样。一般来说，使用硬度较大的磨球有助于颗粒的进一步细化、非晶化、形成超饱和固溶体。磨球尺寸不仅影响放热的发生而且影响热释放的行为，球磨尺寸越大，引起燃烧反应所需的预磨时间 t_{ig} 越短。

（2）球料比和充填率[62, 81]

球料比指的是磨球与物料的重量比。在 MA 过程中，球料比是决定反应率的关键因素，因为它决定了碰撞时所捕获的粉末量和单位时间内有效碰撞的次数。球料比影响粉末粒子的碰撞频率，球料比越高，合金化速率更快、更充分。球料比影响热释放行为，球料比越大，t_{ig} 越短。试验研究用的球料比在（1∶1）～（200∶1）范围内，大多数情况下为 10∶1 左右。充填率指的是磨球总体积占球磨罐容积的百分率。充填率对机械合金化的过程也有重要影响，若充填率过小，则会使生产率低下；若过高，则没有足够的空间使磨球和物料充分运动，以至于产生的冲击能量较小，而不利于合金化进程。一般来说比较好的充填率为 0.5 左右。

（3）球磨机的转速[62, 82]

球磨机的转速越高，就会有越多的能量传递给物料，MA 的粉碎效率越高，粉末的粒度越小。但是并不是转速越高越好，因为当高到一定程度时球磨介质就会紧贴于球罐内壁，而不能对物料产生任何冲击作用；此外，转速过高会使球磨系统温升过快，温度过高可能导致亚稳相的分解。

（4）球磨时间[62, 83]

球磨时间是影响 MA 结果的最重要因素之一。在一定的条件下，随着球磨的进程，合金化程度会越来越高，颗粒尺寸会逐渐减小并最终形成一个稳定的平衡态，即颗粒的冷焊和破碎达到一动态平衡，称为粉碎极限，此时颗粒尺寸不再发生变化。若要继续细化，则必须增加外力。但球磨时间越长造成的污染也就越严重。因此，最佳研磨时间要根据所需的结果，通过试验综合确定。

（5）球磨气氛[74, 84]

球磨气氛对 MA 的生成物有重要的影响。王景唐等人研究机械合金化 Ni-Ti 系时，在不同阶段分别以氩气、空气、氮气作为球磨气氛，发现气氛对 MA 的转变过程有明显影响。Ni-Ti 系在氩气中球磨可直接形成非晶合金；在氮气中除生成少量氮化物外，也可直接转变为非晶；在空气中则发生氧化。近年来，国际上已开始研究高能球磨过程中粉末与球磨气氛的相互作用，并试图用它作为一种新的化合物合成手段。如将 Ti、Fe 在氮气气氛中高能球磨合成相应的氮化物。

（6）过程控制剂[62, 85]

在 MA 过程中粉末存在着严重的团聚、结块和粘壁现象，大大阻碍了 MA 的进程。为此常在 MA 过程中添加过程控制剂，如硬脂酸、固体石蜡、液体酒精和四氯化碳等，以降低粉末的团聚、粘球、粘壁以及球磨介质与研磨容器内壁的磨损，可以较好地控制粉末的成分和提高出粉率。

1.4 粉末注射成形不锈钢

金属注射成形（MIM）是 20 世纪 80 年代以来迅速发展的一种新的近净成形技术，综合了塑料注射成形与粉末冶金的特点。它的基本过程是将金属元素粉末或预合金粉末与大量的有机黏结剂按一定比例和工艺混合成均匀的黏弹性体，经注射机注射成形，然后脱去全部的黏结剂物质，最终烧结成高性能的粉末冶金制品[86]。

采用 MIM 的方法，可以生产出形状复杂、性能优良的零件。在注射成形时，压力通过液态传递，可以使制品达到均匀和高的密度，相对密度可达 95% 以上，且晶粒细小，组织均匀。MIM 可以获得优良的物理和力学性能的产品，其屈服强度、抗拉强度、韧性、耐腐蚀性等都高于或相当于铸造和锻造制品。MIM 可最大限度地制得最终形状的零件而无须后续机加工或只需少量的机加工。此外，注射成形还有其他诸如尺寸偏差小、材料范围宽、生产效率高、便于实现自动化等一系列优点[87]。鉴于上述原因，MIM 已成为近些年来国际粉末冶金领域发展最为迅速、最有前途的一种新型近净成形技术，在国外已实现了产业化。

粉末冶金不锈钢因具有节约材料（20%～50%）、少加工、成本低等特点而得到日益广泛的应用，但采用传统的模压-烧结粉末冶金工艺生产的不锈钢零件密度较低，力学性能和耐蚀性能都不高，而且仅限于形状较简单的零件，因而发展受到限制。而用 MIM 制造的不锈钢制品，烧结密度可达理论密度的 95%～99.5%，力学性能和耐腐蚀性能都有很大程度的提高，且尺寸精度很高，一般不需后续机加工。因此，MIM 日益广泛地用于生产不锈钢零件，MIM 不锈钢部件已用于汽车零件、航空航天部件、外科手术器械、手表壳带、眼镜框、半导体生产设备和加工工具、日用工具、轴承保持架、阀件、装饰件等[88]。

1.4.1 粉末注射成形用不锈钢粉末

MIM 不锈钢的代表性钢种及其化学成分如表 1-3 所示[89]，其中应用最广泛的是奥氏体型 316L 不锈钢和马氏体沉淀硬化型的 17-4PH 不锈钢。在欧洲 MIM 不锈钢零件主要用于手表工业，因此 316L 不锈钢被广泛应用；而在美国则更着重于用 17-4PH 不锈钢制造工业零件。

表 1-3 MIM 不锈钢钢种及化学成分

钢种		化学成分/%					
		Cr	Ni	C	Mo	Cu	Nb
奥氏体类	303	17～18	12～13	＜0.03	—	—	—
	303L	18～19	10～12	＜0.03	—	—	—
	316L	16.5～17.5	13～14	＜0.03	2～2.5	—	—
铁素体类	430L	16～17	—	＜0.03	—	—	—
	434L	16～18	—	＜0.03	0.5～1.5	—	—
马氏体类	17-4PH	15～17.5	3～5	＜0.07	—	3～5	0.15～0.45
	420	12～14	—	0.20～0.35	—	—	—
	440C	16～18	—	0.95～1.20	—	—	—

MIM 对原料粉末的粒度、球形度、松装密度及摇实密度均有要求。用于 MIM 的不锈钢粉末的平均粒径一般小于 20 μm。经过二十几年的研究，日本 PAMCO、美国 UFP、瑞典 Anval、英国 Osprey 等许多公司成功开发了注射成形用不锈钢粉末。其制备方法主要是气雾化法和水雾化法[86]。前一方法得到的粉末较粗，球形度好，碳、氧含量低，可得到较高的粉末装载量，但细粉产出率低，成本偏高；水雾化不锈钢粉末价格较低，粉末较细、细粉产出率高，但球形度差，碳、氧含量高，粉末装载量较低。

1.4.2　黏结剂及脱脂

黏结剂的设计与选用总是与特定的脱脂方法相结合的。MIM 不锈钢黏结剂与其他合金粉末体系的并无本质区别，如石蜡基黏结剂、油基黏结剂、聚合物基黏结剂均可用于不锈钢的注射成形。对石蜡组分的研究表明，具有弱极性的蜂蜡、巴西棕榈蜡，比普通石蜡或聚乙烯与不锈钢粉结合更紧密，因而更适宜于不锈钢粉末的成形。

在 MIM 工艺过程中，如何有效快速地从成形坯中除去黏结剂，并能保证产品的形状和尺寸精度是所有 MIM 工艺成败的重要因素[90]。粉末原料、黏结剂组成、粉末装载量、脱脂气氛等因素都对脱脂过程产生重要影响[91]。不锈钢常用的脱脂方法有热脱脂、溶剂脱脂、催化脱脂、虹吸脱脂及超临界流体萃取等，每种脱脂方法各有优缺点（如表 1-4 所示），具体选用何种脱脂方法要根据黏结剂组成和粉料的化学性质而定。在不锈钢粉末中由于含有易被氧化、碳化的合金元素铬、铜等，因此要选择合适的升温制度和气氛，以防产生鼓泡、开裂等缺陷或产生氧化物、碳化物和残留碳。一般在 200℃以下以低于 1℃/min 速率慢速升温并保温，以脱去大部分石蜡等低分子组分；待形成连通孔后，可以 5℃/min 速率快速升温至 400～500℃保温，黏结剂中的聚合物组分分解，即可完成脱脂工序。真空热脱脂因为气氛中杂质少，脱脂产物易于排除，减少了氧化或炭化，在热脱脂中占有很大的比重。真空脱脂速率是其他热脱脂速率的几倍，利于快速脱除黏结剂[93]。

表 1-4 各种脱脂方法的比较[92]

脱脂方式	优点	缺点
热脱脂	工艺简单、成本低、投资少、无环境污染	脱脂速度慢、易产生缺陷。只适合于小件
溶剂脱脂	脱脂速度增加、脱脂时间缩短	工艺复杂、对环境和人体有害、存在变形
催化脱脂	脱脂速度快、无变形、可生产较厚的零件	需要专门设备、分解气体有毒、存在酸处理问题
虹吸脱脂	脱脂时间短	有变形、虹吸粉污染样品

1.4.3 烧结

烧结气氛和烧结条件应这样选择，即在烧结的初期阶段，应保证[14]：① 残留的黏结剂完全排除；② 颗粒表面的氧化物层尽可能还原，以形成烧结活化的金属表面。不锈钢中铬易被氧化成 Cr_2O_3，并影响到烧结致密化过程。Cr_2O_3 一般在 H_2 或真空中还原，所以合适的烧结气氛是 H_2 或真空。H_2 对 Cr_2O_3 的还原随着温度的升高和气氛露点的降低而变得容易[86]。实验表明，对于不锈钢一般在 800℃以上就可发生还原反应，1 000℃左右反应完毕。用露点为 0～10℃的未经净化的电解 H_2 就可完成 Cr_2O_3 的还原。真空还原 Cr_2O_3 是另一有效的方法，0.1 Pa 的真空度相当于 –40℃的露点。温度升高，可以使还原反应速度加快。但温度升高，铬的挥发变得不可忽略，在 0.1 Pa，1 200℃时铬开始蒸发。对于 17-4PH 因含有铜，温度高时还易产生铜的挥发。不锈钢常用的烧结气氛还有惰性气氛（如 Ar、N_2）或惰性气氛+少量还原气氛（如 Ar+H_2、N_2+H_2）[94]。特别值得注意的是，一些研究表明[95-96]：在氮气氛下进行烧结，不锈钢中的氮浓度会显著提高，且影响最终氮浓度的主要因素是烧结过程中所使用的氮气压力，这就为粉末冶金高氮不锈钢在氮气氛下烧结的思路提供了支持。

316L 烧结温度一般为 1 350～1 390℃，保温 1～1.5 h，烧结升温速率一般为 5～10℃/min。升温过快，容易因收缩过快造成缩孔，导致烧结密度低；如果烧结温度过高，易产生过多的液相，从而产生塌陷等缺陷。烧结温度波动几十度，可能导致烧结密度波动 10%，收缩率可改变约 3%。随烧结条件的变化，316L 的相对密度为 93%～99.5%，屈服强度为 170～345 MPa，伸长率为 18%～81%[81]。

1.5　主要研究内容

（1）机械合金化制备无镍高氮不锈钢粉末

以铁、铬、锰、钼粉末为原料，采用机械合金化技术制备了氮含量在 1.0% 以上，形状接近球形的无镍高氮奥氏体不锈钢复合粉末，系统研究了机械合金化过程中粉末与氮气的固-气反应机理，粉末氮含量的变化规律及粉末体的组织结构演变，研究了球磨过程中粉末的晶粒尺寸和点阵畸变量的变化，对粉末颗粒形貌的球形化机理进行了分析，并研究了球磨机类型、球料比、转速等球磨工艺参数对粉末氮化过程的影响。

（2）无镍高氮不锈钢粉末的注射成形

对于机械合金化获得的无镍高氮不锈钢粉末，采用注射成形工艺制备了无镍高氮不锈钢制品，研究了粉末球磨过程的物性变化，注射喂料的流变行为，喂料的注射工艺及注射坯的脱脂行为，重点探讨了球磨粉末脱脂坯的烧结致密化规律及其影响因素，烧结体固溶处理前后的显微组织、力学性能及耐腐蚀性能，复杂烧结零件制品的尺寸精度和耐蚀性。

（3）无镍高氮不锈钢粉末的放电等离子烧结（SPS）

对机械合金化制备的无镍高氮不锈钢粉末进行了 SPS 烧结，以期利用 SPS 快速烧结和冷却的特点防止氮的损失，获得高密度、高氮含量、晶粒细小的高氮不锈钢材料，研究了烧结温度和球磨时间对烧结体氮含量、相组成、烧结密度及硬度的影响。

第 2 章　机械合金化制备无镍高氮不锈钢粉末

2.1　实验及研究方法

2.1.1　无镍高氮不锈钢的成分设计

图 2-1 为修正的 Schaeffler 图[58]，常被用作不锈钢成分设计的依据，它明确出示了不锈钢的化学成分与组织的关系。从图 2-1 中可以看出，为了获得完全的无磁性的奥氏体组织，应保证不锈钢有一个足够高的镍当量，使其落在倾斜的阴影区上方的单相奥氏体区内。由图中镍当量公式可知，如果不锈钢是无镍的，则全部的镍当量需要由钴、锰、碳、氮等奥氏体稳定化元素来提供。与镍相似，钴也能引起人体的过敏反应而且价格十分昂贵，因此不适合用于无镍不锈钢的成分设计中；碳的加入虽然可以有效增加不锈钢的镍当量，但碳容易与铬形成碳化物沉淀而使不锈钢的耐腐蚀性能特别是耐晶间腐蚀性能降低，一般来说含碳质量分数应控制在 0.1%以下；而锰是一个作用相对较弱的奥氏体形成元素；因此作为非常强烈的奥氏体形成和稳定化元素，氮成为完全代替镍来获得单相奥氏体组织的最佳元素，进一步研究表明，氮含量并非越高越

好，过高的氮含量会造成无镍高氮不锈钢韧脆转变温度的升高，导致其室温韧性显著降低，因此不锈钢中含氮质量分数的上限不应超过 1%～1.2%，即镍当量应保持在图中水平阴影区的下方。

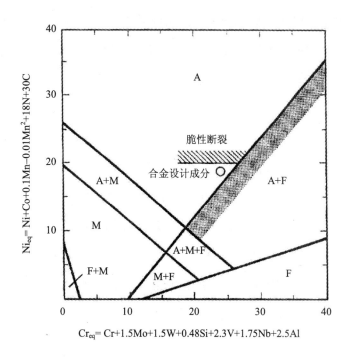

图 2-1　修正的 Schaeffler 图（适用于高氮钢）

　铬、钼是有效提高不锈钢的耐蚀性的元素，铬、钼含量越高，不锈钢的铬当量也越高，不锈钢的耐局部蚀性能越好，但铬当量不能超过倾斜的阴影区右方，否则不能获得完全奥氏体而形成奥氏体+铁素体双相组织。无镍高氮不锈钢中的氮只有在固溶状态时才能起到稳定奥氏体和提高耐腐蚀性能的作用，铬、钼、锰均是提高不锈钢中氮溶解度的元素，当钢中的氮含量较高时，仅有铬和钼不足以保证氮的全部固溶，必须加入锰，但过高的锰含量会造成金属间相的析出而降低耐腐蚀性，因此锰含量应当被限制在 18%以下，最佳范围为 10%～12%。

综合以上因素，并借鉴已开发的部分无镍高氮不锈钢的成功经验，本实验设计的无镍高氮奥氏体不锈钢化学成分质量分数范围为：16.5%～17.5% Cr，3.0%～3.5% Mo，10%～12% Mn，0.8%～1.2% N，余 Fe，图 2-1 上的圆圈标记了其成分点范围。

2.1.2　实验原料

实验中所采用的原料是由北京沃德莱泰公司提供的铁、铬、锰、钼粉末，其中还原铁粉粒度为–300 目，纯度为 98.75%；铬粉粒度为–300 目，纯度为 99.51%；锰粉粒度为–300 目，纯度为 99.7%；钼粉粒度为–300 目，纯度为 99.3%。

各原料粉末按照 Fe-17Cr-11Mn-3.0Mo（质量分数，%）的配比在电子天平上称重，然后混合均匀并进行机械合金化。

2.1.3　机械合金化过程

机械合金化实验是在无锡鑫达粉体机械有限公司生产的 SG-8 型搅拌式高能球磨机上进行的，球磨机的结构示意图如图 2-2 所示。球磨机容积为 8 L，磨球采用 ϕ7 mm 的淬火钢球，球磨机转速为 400 r/min，球料比为 10∶1，球磨时间为 0～96 h。为了考察球磨工艺参数对球磨粉末组织结构及氮含量的影响，也采用了 500 r/min 的球磨速度及 15∶1 的球料比。球磨过程中为了尽可能地减少氧的有害影响，开始球磨之前将原始混合粉末及磨球一起置于球磨机的球磨罐中，密封好后抽真空 30 min，然后打开球磨罐上连接进气管的阀门充入高纯氮气至 0.1 MPa 以上，随后打开球磨罐上连接出气管的阀门，在轻微正压的流动氮气氛中进行高能球磨，氮气的流量为 1.5 L/min，轻微正压的保持是通过把出气管的出气口端浸没在大约 100 mm 深的水中来实现的。为了减少其他杂质的不利影响，球磨过程中不使用过程控制剂。

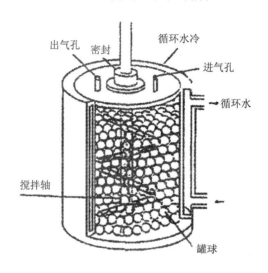

图 2-2　搅拌式高能球磨机结构

为了更好地观察机械合金化过程中粉末的变化规律并避免球磨罐温升过高，采用每球磨 12 h 停机冷却 2 h 的球磨工艺。每球磨特定时间后打开球磨罐取粉 10～20 g 进行组织结构及氮、氧含量分析，每次取样之后、继续球磨之前，需要对球磨罐进行再次抽真空和充高纯氮气的处理，处理过程如前所述。

2.1.4　测试方法及设备

采用日本理学（Rigaku）公司 D/max-RB 12KW 旋转阳极 X 射线衍射仪（Cu Kα，λ= 0.154 06 nm）对粉末样品进行物相分析和晶粒尺寸测定；采用英国 LEO

公司 JSM-6301F 型扫描电镜配 KEVEX-SIGMA 能谱分析仪观察粉末颗粒的微观形貌并进行能谱成分分析；粉末样品的氮、氧含量在国家有色金属及电子材料分析测试中心测定，采用的方法为惰气脉冲-红外热导法（ASTME1019—2003）。

2.2 机械合金化过程中合金粉末的氮含量变化

图 2-3 出示了在转速为 400 r/min，球料比为 10∶1 条件下，合金粉末氮含量与球磨时间的关系。由图 2-3 可知，球磨最初阶段粉末的氮含量增长速度最快，12 h 后含氮量由原始混合粉末的 0.08% 迅速增加到 0.40%，达到中氮不锈钢的氮含量要求；继续球磨，合金粉末的氮含量增长速度趋于稳定，且随球磨时间的延长近似呈线性增长的关系，经过 36 h 球磨后粉末氮含量达到 0.90%，已经符合高氮不锈钢的氮含量要求；48 h 球磨后粉末氮含量已经超过 1.0%，为 1.12%；经过 96 h 球磨粉末的最终氮含量高达 1.98%。

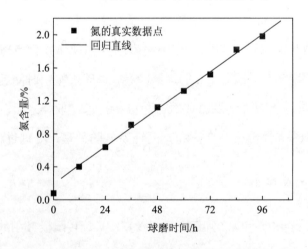

图 2-3 粉末氮含量与球磨时间的关系

从实验数据的点分布来看，大多数的数据点位于一条直线附近，因此可对实验结果进行一元线性回归，以确定粉末氮含量与球磨时间的关系。假设经验回归直线方程为：

$$w_{\mathrm{N}} = \alpha + \beta t \qquad (2\text{-}1)$$

式中：w_{N}——粉末的含氮质量分数，%；

t——球磨时间，h；

β——经验回归系数。用最小二乘法来求 α、β 的无偏估计值。作离差平方和。

$$Q = \sum_{i=1}^{n} (w_i - \alpha - \beta t_i)^2 \qquad (2\text{-}2)$$

选择参数 α、β 使 Q 达到最小，即：

$$Q = \sum_{i=1}^{n} (w_i - \alpha - \beta t_i)^2 = Q_{\min} \qquad (2\text{-}3)$$

为此，另 Q 分别对 α 和 β 的两个一阶导数等于零，即：

$$\begin{cases} \dfrac{\partial Q}{\partial \alpha} = -2\sum_{i=1}^{n}(w_i - \alpha - \beta t_i) = 0 \\ \dfrac{\partial Q}{\partial \beta} = -2\sum_{i=1}^{n}(w_i - \alpha - \beta t_i)t_i = 0 \end{cases}$$

解此方程组得：

$$\begin{cases} \beta = \dfrac{n\sum\limits_{i=1}^{n} t_i w_i - (\sum\limits_{i=1}^{n} t_i)(\sum\limits_{i=1}^{n} w_i)}{n\sum\limits_{i=1}^{n} t_i^2 - (\sum\limits_{i=1}^{n} t_i)^2} \\ \alpha = \bar{w} - \beta \bar{t} \end{cases} \qquad (2\text{-}4)$$

其中，$$\bar{w} = \frac{1}{n}\sum_{i=1}^{n}w_i, \quad \bar{t} = \frac{1}{n}\sum_{i=1}^{n}t_i$$

由 $n = 8$，根据测定的实验数据计算得：

$$\sum_{i=1}^{n}t_i w_i = 639.36, \quad \sum_{i=1}^{n}t_i = 432, \quad \sum_{i=1}^{n}w_i = 9.72, \quad \sum_{i=1}^{n}t_i^2 = 29\,376, \quad \sum_{i=1}^{n}w_i^2 = 13.980\,9$$

代入公式（2-4）计算得：

$$\alpha = 0.192\,9, \quad \beta = 0.018\,9$$

因此在转速为 400 r/min，球料比为 10：1 条件下，得到球磨粉末氮含量对时间的一元线性经验回归方程为：

$$w_{\text{N}} = 0.192\,9 + 0.018\,9t \tag{2-5}$$

为了验证上面得到的一元线性回归模型是否成立，需要进行假设检验，以确定其线性回归是否显著，即检验假设 $H_0：\beta = 0$ 是否成立，如果 H_0 成立，则认为线性回归不显著；否则认为线性回归显著。

首先根据实验值计算方差的矩估计量为：

$$\sigma^2 = \left(\frac{1}{n}\sum_{i=1}^{n}w_i^2 - \bar{w}^2\right) - \beta^2\left(\frac{1}{n}\sum_{i=1}^{n}t_i^2 - \bar{t}^2\right) = 1.336\,8 \times 10^{-3} \tag{2-6}$$

根据方差矩估计量计算其无偏估量，进一步求出用来进行 t 检验的 T 值：

$$\sigma^* = \sqrt{\frac{n}{n-2}\sigma^2} = 0.042\,2 \tag{2-7}$$

$$T = \frac{\beta\sqrt{\sum_{i=1}^{n}t_i^2 - n\bar{t}^2}}{\sigma^*} = 34.8 \tag{2-8}$$

取显著性水平 $\alpha=5\%$、$\alpha=1\%$，查表得 $t_{\alpha/2}(n-2)$ 值为 $t_{0.025}(6)=2.4469$、$t_{0.005}(6)=$ 3.7074；而计算出来的 T 值远远大于 $t_{\alpha/2}(n-2)$，所以拒绝 H_0，线性回归非常显著。从图 2.3 也可以看出，实测的粉末氮含量与回归方程相当吻合，这就使得机械合金化过程中粉末氮含量的精确控制成为可能。

粉末机械合金化过程中氮原子的不断溶入是固体粉末与氮气发生固-气反应的结果，而球磨过程中氮气分子在金属清洁表面的吸附是产生固-气反应的基础。机械合金化是一个粉末破碎和冷焊相互交替的过程，粉末颗粒在与球磨介质大量、反复的碰撞中发生塑性变形并加工硬化，脆性颗粒发生破碎，形成大量新鲜的原子表面，粉末的表面积不断增加，当与氮气分子接触时，这些表面就会吸附氮气分子，并导致氮气分子离解成为氮原子，随着球磨过程的继续进行，冷焊作用将促使这些吸附氮进入粉末的深层表面，并在反复的碰撞和摩擦中，将氮带入到整个球磨的粉末材料中。

氮在块状 α-Fe 中的溶解度很低，仅仅为 0.08%，以间隙固溶原子的形式存在。本实验中高能球磨的合金粉末具有很高氮含量，远远高于氮在 α-Fe 中的平衡溶解度，这种高氮含量的获得可归因于高能球磨产生的高密度位错和大量晶界。Rawers 等[9]研究了纯铁粉在氮气中高能球磨过程中氮的溶入机制，结果表明严重塑性变形产生的大量位错和晶粒细化获得的大量晶界（纳米晶界）可以为氮提供更多的溶解位置，同时缩短了氮原子的扩散距离，为更多氮的溶入提供了有利条件，进一步研究还发现球磨粉末的高氮浓度中只有大约 25% 的氮溶解在晶格的间隙位置，剩余的 75% 的氮的溶解都与这些机械诱发的缺陷（位错和晶界、亚晶界）有关。

2.3　球磨粉末的 XRD 相结构分析

图 2-4 是合金粉末在转速为 400 r/min，球料比为 10：1 时，不同球磨时间后的 XRD 图谱。从图中可以看出，原始混合粉的 XRD 谱与球磨 12 h 后的粉末的 XRD 谱之间出现了明显的差别：原始粉中 Mn 的各衍射峰在经过 12 h 球磨后已经消失不见，说明 Mn 比较容易发生机械合金化，球磨 12 h 即溶入 α（Fe 或 Cr）中；与此同时，α（Fe 或 Cr）及 Mo 的衍射峰强度明显减低。进一步球磨，粉末 XRD 谱的变化呈现出强的规律性：随着球磨时间的增加 α 相、Mo 的衍射峰不断宽化、衍射强度不断降低，当球磨 48 h 后粉末中开始出现了 γ 相，且 γ 相的衍射峰随着球磨时间的增加强度逐渐提高，说明其在粉末中的含量不断增多；球磨 60 h 后部分衍射峰经过宽化后形成一些连续、光滑的漫散包，说明形成了部分非晶；72 h 粉末中 α 相的衍射峰已经变得很弱，γ 相成为最强峰，同时粉末的非晶化特征更加明显；96 h 后衍射图中已经检测不到 α 相的衍射峰，只有 γ 相的衍射峰，虽然此时粉末的含氮质量分数高达 1.98%，但没有氮化物的析出。综上所述，粉末在高能球磨过程中随球磨时间的延长，发生 α 相向 γ 相的转变，同时还伴随着非晶的形成，球磨超过 96 h 后，粉末体由固溶了大量氮及合金元素的过饱和 γ 单相组成。

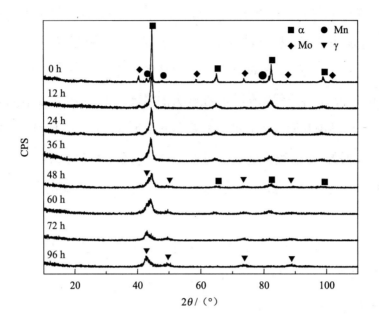

图 2-4　粉末不同球磨时间的 XRD 图谱

XRD 谱不仅反映了材料独特的物理化学性质和晶体结构，同时也是晶体结构高对称性的体现，任何降低或者破坏晶体结构对称性作用都会在对应的 XRD 谱中反映出来。机械合金化过程中高强度机械能的外界输入，导致磨球和球磨罐对粉末产生急剧的强制作用，使得粉末内部以及粉末之间容易发生各种非平衡的固态反应，并且这些反应具有非同一般的热力学和动力学特性。磨球对金属粉末高速碰撞和强烈剪切、挤压使那些弥散在球罐内部空间的金属粉末反复地发生冷焊—粉碎、脱落—冷焊；粉末的严重塑性变形导致在粉末内部形成大量的诸如位错、层错、孪晶等类型的缺陷，粉末的亚结构不断细化，结果不仅粉末的晶体结构对称性大大降低，而且当晶粒尺寸达到 100 nm 以下时，某一晶粒参与同一个布拉格方向反射的晶面数将变得很少：于是当入射角与布拉格角有微小偏差时，由各原子面反射的 X 射线合成后，还存在一定的衍射强度，即出现由非布拉格反射引起的衍射强度，这是促使衍射峰发生宽化的一个重要原因；另一方面，机械合金化引起晶格畸变，并使得元素相互产生固溶以及过饱和固溶，导致粉末体内存在较大的微观应变，晶格常数在各处将产生差异；固溶或过饱和固溶引起的晶格常数和晶面间距变化，使得衍射峰位置发生移动，反射的 X 射线将是一系列相互发生了微小位移的反射线的总和，也使衍射峰发生宽化。因此球磨后粉末的衍射峰宽化是晶粒细化和晶格畸变的必然结果。

机械合金化是一个非平衡的过程，可以在室温形成许多非平衡相，如亚稳相、非晶、纳米晶及过饱和固溶体等。虽然机械合金化的机制还没有完全弄清，但已经获得广泛认同的是：机械合金化过程诱发的组织转变是为了降低粉末塑性变形造成的大量缺陷和界面导致的高内能。虽然本试验中传统的室温稳定相是 α 相，但随着机械合金化的进行，粉末内部点、线、面缺陷大量增加，造成合金系统自由能增加，增加值为 ΔG_d。当球磨到 48 h 后，使得 $G_\gamma < G_\alpha + \Delta G_d$ 时，式中 G_γ，G_α 分别为 γ 相及 α 相的吉布斯自由能。此时 $\alpha \rightarrow \gamma$ 转变的热力学条件已经满足，因此球磨粉末中形成了 γ 相，随着球磨时间的延长，γ 相的衍射峰强度增加，说明其在粉末中的含量不断提高。此外，大量研究表明纳米尺寸的金属或合金其相变及相稳定性不同于大块状材料，能获得亚稳或独特的相结构，Meng 等[97]计算了纳米结构 γ-Fe 和 α-Fe 的吉布斯自由能随晶粒尺寸的变化，指出纳米晶材料中界面或晶界对相的稳定起了很大的作用，纳米晶的全部自由能就是晶体能和界面能两者之和，随晶粒减小 γ-Fe 通过界面能的增加而导致的全部自由能的增加比 α-Fe 相更小，因此当晶粒尺寸减小到一个临界值时，γ-Fe 的自由能就可能低于 α-Fe，在室温成为热力学上的稳定相，他们进一步

研究发现当晶粒临界尺寸小于 50 nm 时，γ 相变得稳定。通过后文可知，实验中获得的球磨粉末为纳米晶粉末，晶粒尺寸在 10 nm 以下，因此能在室温获得稳定的 γ 相。

从 XRD 上看，实验中球磨 60 h 后的粉末中出现了部分非晶相，非晶相是在粉末机械合金化过程中当非晶的自由能低于元素混合粉末或结晶固溶体的自由能时形成的。Miura 等[98]研究机械合金化 Fe-A-N 混合粉末（A = Cr、Mn、Mo、Ti、W、V、Nb、Ta、Co）时发现：Cr、Ti、Ta 等这些与 N 有强烈亲和力的元素当添加到 Fe-N 合金中时有强烈地形成非晶的趋势，这可以通过相互作用参数 W_{A-N} 来解释，在三元 Fe-A-N 系中 W_{A-N} 被定义为原子副 A-N 的结合能（U_{A-N}）与 Fe-N 的结合能（U_{Fe-N}）之差，当相互作用参数 W_{A-N} 为负值时，混合热也是负值，一般认为，多元合金体系非晶态转变的驱动力来自于其负的混合热，而元素之间的快速扩散是非晶化动力学条件，因此 Fe-A-N 非晶的形成会降低系统的混合热，从而减少系统的自由能。本实验的高能球磨过程中原始混合粉体首先发生细化、合金化和纳米晶化，当机械球磨导致的纳米晶化达到一定程度时，由于纳米晶系具有的过剩吉布斯自由能（主要来自于晶界），足可以使纳米晶过饱和固溶体的自由能提高到相应的非晶相的自由能之上，从而导致纳米晶失稳，在此之前形成的部分纳米晶将转变成为非晶相。

2.4 球磨粉末的晶粒尺寸及点阵畸变分析

由 X 射线衍射图谱中衍射峰的宽化度 B，可以估算出机械合金化粉末的晶粒尺寸 d 和点阵畸变量 ε。根据文献[99]计算公式为：

$$B\cos\theta = \frac{0.94\lambda}{d} + 4\varepsilon\sin\theta \qquad\qquad (2\text{-}9)$$

式中：λ——入射 X 射线波长，$\lambda = 0.154\,06$ nm；

θ——粉末的衍射角；

B——扣除非球磨因素（例如仪器、测量条件、原始粉末的畸变等）引起的宽化度，用 Warren 法计算：

$$B^2 = B_M^2 - B_S^2 \qquad\qquad (2\text{-}10)$$

式中：B_S——原始（未球磨）粉末衍射峰半高宽值；

B_M——球磨粉末相应峰半高宽值。

对球磨某一时间的粉末中α相的各衍射峰作 $B\cos\theta$-$\sin\theta$ 图，为一直线，直线的斜率即为 4ε，而将直线外推至 $\theta = 0$ 时的截距，即为 $0.94\lambda/d$，据此可算得 d、ε。

表 2-1 为按照上述方法计算出的球磨粉末中α、γ相的晶粒尺寸和点阵畸变量随球磨时间的变化，可见球磨初期是粉末晶粒细化和点阵畸变进行得最迅速的时期，仅仅经过 12 h 球磨，α相的晶粒尺寸就迅速下降到 71.4 nm，达到纳米晶尺寸，点阵畸变量达到 0.72%，纳米级晶粒形成的原因在于随着机械合金化的进行，粉末不断受到挤压和冲击，发生了严重的塑性变形，积累了大量的位错，位错密度上升将晶粒分割成了更多的亚晶粒；球磨 24 h 后α相的晶粒尺寸下降到 18.6 nm，点阵畸变量增加到 0.98%；随着球磨时间的进一步延长，粉末的晶粒继续细化，点阵畸变更加严重，但晶粒细化速率和点阵变形速率明显变慢，这是因为粉末的晶粒度达到纳米级以后，球磨的一个主要作用是把纳米晶粉末转变成纳米粉，但是由于纳米粉末具有的庞大的比表面积和严重失配

的表面原子键态，使得它们具有很强的团聚倾向，在机械合金化的热效应作用下其内部甚至还可能发生回复、再结晶，同时形成纳米晶后产生大量的晶界和亚晶界使界面能大大增加，这样就使系统产生了很大变形抗力，使晶粒细化变得困难；球磨 48 h 后，粉末的细化和回复已经达到动态平衡，α相的晶粒尺寸为 4.8 nm，点阵畸变量达到 1.12%，此时部分γ相已经形成，其晶粒尺寸为 4.4 nm，点阵畸变量为 1.15%；继续增加球磨时间，α、γ相的晶粒尺寸和点阵畸变量基本不再发生变化，最终晶粒尺寸在 5.0 nm 左右，点阵畸变量在 1.0% 左右。

表 2-1　球磨粉末中α、γ相的晶粒尺寸和点阵畸变

球磨时间/h	α相		γ相	
	晶粒尺寸/nm	点阵畸变/%	晶粒尺寸/nm	点阵畸变/%
12	71.4	0.72	—	—
24	18.6	0.98	—	—
36	8.0	1.07	—	—
48	4.8	1.12	4.4	1.15
60	4.2	1.21	3.9	1.24
72	5.1	1.04	5.4	0.94
96	—	—	3.6	0.82

2.5　粉末的组织形貌观察

图 2-5 为原始混合粉末的 SEM 照片，可以看出各组成元素粉末的形状和粒度存在较大的差异，经过进一步能谱分析发现其中不规则椭球形的粗大块状为铬粉颗粒，其上布满较多裂纹，结构疏松；长条状或大块状颗粒为铁粉；形状

较为规则的多角形小颗粒为锰粉；钼粉的含量较少，颗粒极细，在原始粉中已经发生团聚，在图中表现为少量的由许多白色小球组成的堆积体。

图 2-5 原始混合粉末的 SEM 照片

图 2-6 为转速 400 r/min，球料比为 10∶1 时，粉末经过不同时间球磨后的 SEM 形貌照片，左侧为放大 3 000 倍的 SEM 照片，右侧为相应球磨时间的单颗粒的高倍 SEM 照片。可以看出，球磨 12 h 后，脆性的 Cr、Mn、Mo 等粉末在机械力作用下迅速发生破碎，形成大量的超细粉末，而延性的铁颗粒则发生严重的塑性变形、加工硬化、断裂，但其细化速度要明显小于脆性粉末，总体来说无论是脆性的铬粒子还是延性的铁颗粒，其颗粒尺寸都不断减小，被破碎的 Cr、Mn 等颗粒有着很高的表面能，所以聚集在 Fe 粉表面以降低系统的自由能，形成 Cr、Mn、Mo 包裹 Fe 粉的复合颗粒，如图 2-6（a）和图 2-6（b）所示，从前面的 XRD 结果上可知经过 12 h 球磨 Mn 已经大部分固

溶到了 Fe 基体中，因此黏附在 Fe 粉上的颗粒以 Cr 颗粒为主，Fe 粉表面包裹的这些超细脆性颗粒阻碍了它在研磨过程中的延展，加速了 Fe 在球磨初期的断裂；球磨 36 h 后冷焊作用开始占优势，此时粉末的粒度不再发生明显细化，甚至在中间某些时间还会有所粗化，通过单颗粒照片发现颗粒中出现明显的焊合特征，已经形成了层状复合结构，如图 2-6（c）和图 2-6（d）所示；随着球磨时间的进一步延长，超过 48 h 冷焊与破碎已经达到了动态平衡，粉末颗粒尺寸趋于稳定，颗粒大小均匀，粒度分布变窄，焊合粉末的形状也越来越接近球形，表面变得光滑，随着脆性颗粒在延性 Fe 基体中的充分固溶与扩散，颗粒中的片层也逐渐变薄、细化最终难以分辨，颗粒内已经实现了比较均匀的合金化，如图 2-6（e）至图 2-6（h）所示；最终经过 96 h 球磨后绝大多数粉末颗粒的尺寸范围都在 5～10 μm，且球形度很高，如图 2-6（i）和图 2-6（j）所示，这种球形粉末一般具有良好的流动性和较高的摇实密度，有利于注射成形等后续工艺。

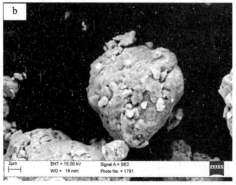

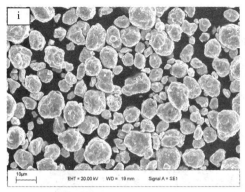
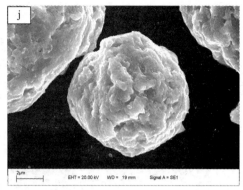

注：（a）和（b）为 12 h；（c）和（d）为 36 h；（e）和（f）为 48 h；（g）和（h）为 60 h；（i）和（j）为 96 h。

图 2-6　不同球磨时间粉末的 SEM 形貌

为了直观地观察机械合金化过程中粉末中各元素的分布情况及合金化程度，采用背散射电子对粉末球磨不同时间后的产物的截面进行了元素分析，如图 2-7 所示。背散射电子是依据元素原子序数的差异，使得不同元素在其像中呈现不同的衬度，在本实验的背散射电子像中，Fe 元素呈浅灰色，Cr 元素呈深灰色或黑色，而 Mo 元素则呈亮白色。图 2-7（a）对应的为球磨 12 h 后粉末截面各元素分布的情况，可以看到原始混合粉末经短时间球磨后，脆性颗粒迅速破碎细化，深灰色块状的 Cr 颗粒及亮白色的 Mo 颗粒质点包裹在变形的 Fe 颗粒上或镶嵌在 Fe 铁粉颗粒内部，粉末合金化程度较低，颗粒体内成分还很不均匀；球磨 36 h 后，延性粉末 Fe 在经过初期的塑性变形、破碎后开始出现颗粒间的焊合，并且将依附在它上面的 Cr、Mo 颗粒包裹在层与层之间，形成了具有层状形态的复合颗粒，如图 2-7（b）所示；继续球磨层状复合粉末容易被破碎，破碎后相互无规取向地焊合在一起，球磨 48 h 后焊合粉末的形状趋近球形，随着脆性组分在延性 Fe 基体中的固溶与扩散，颗粒中的片层也逐渐变薄难以分辨，如图 2-7（c）所示；在球磨 60 h 后，从图 2-7（d）的背散射电子像中已经看不到 Cr、Mo 元素的偏聚，说明粉末颗粒内各元素已经实现了比较均匀的合金化，合金化过程基本完成。在整个球磨过程中，由于粉末的加工硬化等原因导致其塑性不断降低，在机械力作用下颗粒内部都形成了一定数量的微小裂纹和孔洞。

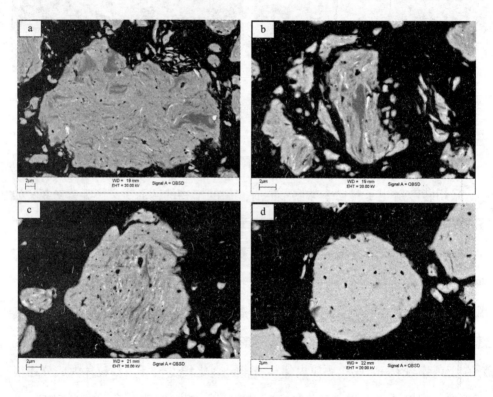

注：（a）为 12 h；（b）为 36 h；（c）为 48 h；（d）为 60 h。

图 2-7　不同球磨时间粉末截面的背散射电子像

表 2-2 为不同球磨时间的粉末单颗粒截面上各组成元素的能谱面平均成分，可见随着球磨时间的延长，在一个粉末颗粒内各组成元素分布越来越均匀，

球磨 60 h 后粉末实现了合金化，其平均成分与实验设计的合金成分基本相同。机械合金化过程中由于磨球、粉末、球磨罐壁之间的反复碰撞与摩擦而导致磨球、球磨罐发生磨损，从而引起粉末成分的改变，因此所有球磨器具（如球磨罐、磨球等）应采用耐磨合金或接近球磨粉末成分的材料，以尽量减少杂质的有害影响。实验采用的球磨罐衬里为耐磨氧化铝陶瓷，选用的磨球是淬火钢球，因此球磨过程中除了 Fe 之外，混入的其他杂质含量很少，这也能从表 2-2 中未发现有其他杂质元素存在得到证实。机械合金化过程粉末的另一种污染来自氧，由于粉末在球磨时不断产生新鲜表面，因此极易氧化，球磨时必须用惰性气体保护。图 2-8 出示了球磨粉末的氧含量与球磨时间之间的关系，虽然球磨过程一直处于流动氮气中，但粉末氧化还是比较严重的，在球磨初期粉末的氧化速度最快，以后逐渐减慢，球磨 96 h 氧含量达到 1.87%。粉末氧化的原因可能有以下几点：一是在大气状态下取粉过程中粉末产生氧化；二是使用的高纯氮气中不可避免地存在极微量的水和氧气，但由于高能球磨过程超细粉末的活性极高，且长时间球磨造成球罐内温度升高，即使极少量的水或氧也会造成粉末的氧化；三是实验用球磨罐的密封性不是很高造成少量氧气进入。显然球磨粉末的氧含量越低，制备的不锈钢成品性能越好，但受实验条件所限，本实验只能以这些氧含量在 1.0% 以上的球磨粉末作为研究起点。

表 2-2　不同球磨时间粉末的能谱面平均成分

球磨时间/h	元素含量/%			
	Cr	Mn	Mo	Fe
12 h	10.76	11.06	2.11	76.07
36 h	21.26	10.47	4.62	63.65
48 h	17.32	10.86	3.11	68.71
60 h	17.58	10.53	3.09	68.80

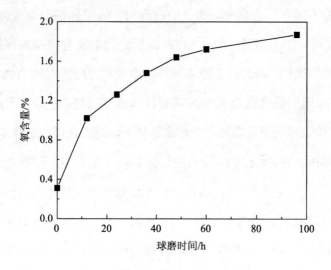

图 2-8　粉末氧含量与球磨时间的关系

2.6　粉末球磨过程的球形化机理

　　一般说来，机械合金化过程中，粉末反复发生塑性变形、冷焊及破碎后最终形成的粉末为不规则片层状，但本实验通过搅拌高能球磨获得的粉末却是近球形的，这显然不能用通常的机械合金化形成片状粉末的机理来解释，为了更好地说明实验中球形粉末的形成机理，根据前面的粉末形貌演变照片，并结合粉末在搅拌球磨机中的受力状况分析，建立了一个简单的模型对机械合金化过程进行描述。

　　图 2-9 是 Rawers 等[9]建立的纯铁粉在氮气氛下机械合金化过程模型，解释了等轴状的纳米晶粉末颗粒的形成过程。他将合金化过程分为四个阶段。第一阶段：粉末颗粒在球磨介质的作用下受力发生塑性变形，变成扁平片状。第

二阶段：当粉末变形到一定程度后，颗粒间彼此发生焊合，颗粒的形貌发生变化，出现层状结构。第三阶段：随着球磨的继续进行，焊合粉末颗粒逐渐发生加工硬化，导致其硬度、强度提高，同时粉末内部缺陷大量增加，这些使得粉末颗粒开始发生破碎。形成很多不同位向的颗粒碎片。第四阶段：当球磨进行到一定阶段后，不同位向的颗粒碎片随机焊合在一起，颗粒间的破碎和焊合逐渐达到动态平衡，最终形成等轴状的纳米晶粉末颗粒。

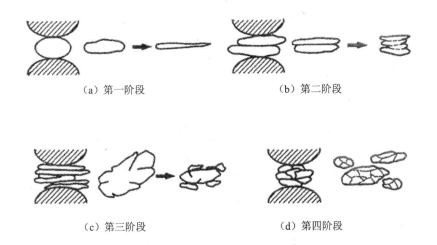

（a）第一阶段　　　　　　　　　（b）第二阶段

（c）第三阶段　　　　　　　　　（d）第四阶段

图 2-9　机械合金化过程

实验用的球磨粉末体系属于延性/脆性体系，其中 Fe 粉属于延性粉末，而 Cr、Mn、Mo 等属于脆性粉末，并且它们在延性铁中都具有一定的固溶度。参考上面等轴状粉末颗粒的机械合金化模型，并考虑到延性/脆性体系的机械合金化过程，建立了粉末球磨过程的球形化模型，如图 2-10 所示。

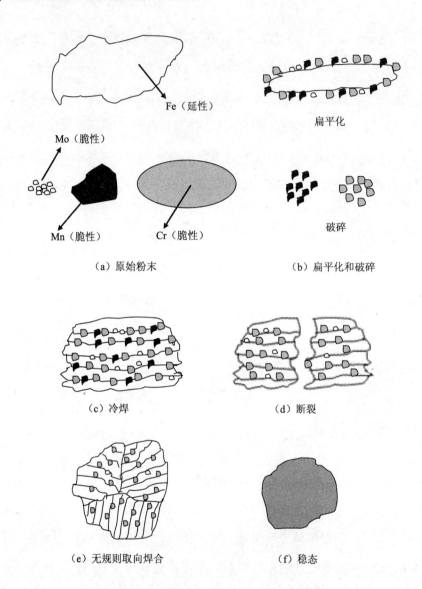

图 2-10　机械合金化粉末的球形化过程

由图 2-10 可以看出，在球磨初期，延性 Fe 粉受力发生变形扁平化，同时 Cr、Mn、Mo 等脆性粉末在球磨介质的作用下迅速破碎细化，Cr、Mn 粉末破碎后形成许多新鲜表面，具有很高的表面能，从而增加了系统的自由能，为了降低体系的自由能，这些超细的脆性粉末颗粒会自发的向 Fe 粉表面聚集，黏附在 Fe 粉颗粒的表面，如图 2-10（b）所示，同时 Cr、Mn、Mo 颗粒在 Fe 粉表面的黏附也阻碍了 Fe 粉的进一步延展，加速了 Fe 粉在球磨初期的断裂；随着球磨的进行，延性 Fe 粉颗粒之间逐渐发生明显的焊合，黏附在其上的 Cr、Mn、Mo 等脆性颗粒被包裹在两个或多个延性颗粒间，形成典型的层状复合结构，如图 2-10（c）所示；层状复合颗粒中由于大量硬脆颗粒及缺陷的存在使得这种复合颗粒在继续球磨过程中易于破碎，形成很多具有不同片层取向的颗粒碎片，如图 2-10（d）所示；当球磨时间进一步延长时，不同取向的层状复合颗粒碎片在研磨介质的作用下会无规取向地焊合在一起，形成近似球形的复合颗粒，如图 2-10（e）所示，此时颗粒间的焊合与破碎逐渐达到动态平衡；最后，随着脆性颗粒在延性 Fe 基体中的充分固溶与扩散，在一个颗粒内部层与层之间的界限消失，颗粒成分变得均匀化，机械合金化基本完成，如图 2-10（f）所示。需要指出的是，在整个球磨过程中始终伴随着 Cr、Mn、Mo 这些脆性组分向铁颗粒内的溶解，最终全部溶入铁基体中形成单一固溶体，因为机械合金化产生的大量缺陷大大拓宽了它们在铁中的溶解度。

此外，粉末在球磨过程中的受力状况也在一定程度上影响到其颗粒形状，搅拌式高能球磨机是利用研磨介质之间的挤压力、剪切力来研磨物料颗粒的，其球磨过程中粉末的受力状态如图 2-11 所示，可见粉末受到镦粗和剪切两种力综合作用，它们都是由于球的不等速异向运动造成的，磨球的正向碰撞或正向碰撞分量使粉末承受镦粗行为，切向碰撞使粉末受到剪切力作用，很显然粉末在这样应力状态下比单向应力状态时更容易焊合形成近球形的复合颗粒。

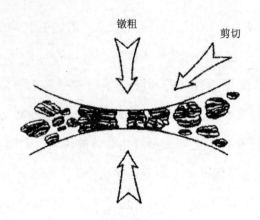

镦粗

剪切

图 2-11 搅拌式球磨粉末的受力分析

2.7 球磨粉末的组织、氮含量与球磨工艺的关系

机械合金化过程中，各工艺参数如球磨机类型、球磨机转速、磨球的材料及大小、球磨时间、保护气氛、球磨介质、球料比、研磨粉末的尺寸和性能等对机械合金化产物的组织、结构、性能均有较大影响，并且上述问题还处于实验摸索阶段。本实验就不同的球磨工艺参数对球磨粉末的组织、氮含量的影响进行了分析讨论。

2.7.1 球磨机类型对粉末组织及氮含量的影响

目前常用的高能球磨机主要有搅拌式、振动式、行星式等，每种球磨机的强度和效率有所不同，因此球磨效果也不相同。

图 2-12 是用振动式高能球磨机在流动氮气下进行机械合金化过程中粉末含氮量与球磨时间的关系图。可以看出，随球磨时间延长粉末的氮含量呈增长

趋势，但粉末氮含量与时间不存在线性关系。球磨开始阶段粉末氮含量的增长速度最为显著，以后随时间延长氮含量的增长速度变得愈来愈慢，球磨 4 h 后粉末样品的含氮质量分数为 0.27%，以后继续增加球磨时间，氮含量的增长变得极其缓慢，球磨 6 h 和 8 h 后的粉末含氮质量分数也仅为 0.29% 和 0.31%。实验采用的高能振动式球磨机的球磨强度要远高于搅拌式球磨机，但其球磨粉末的氮含量却比搅拌式球磨低很多，分析原因可能是：球磨一定时间后，由于高能球磨产生的显著热效应，粉末的粘罐和粘球现象非常严重，球磨罐上的进气孔很容易被粉末堵塞，使进入球罐的氮气量大大减少，不利于粉末的继续氮化，同时长时间的球磨也会造成粉末的严重团聚而阻碍粉末进一步氮化。图 2-13 是振动球磨 8 h 后粉末的 SEM 形貌，可见其粉末的粒度较搅拌球磨 60 h 的粉末更细，但形状呈不规则片状且存在一定的团聚，流动性差不适于注射成形。

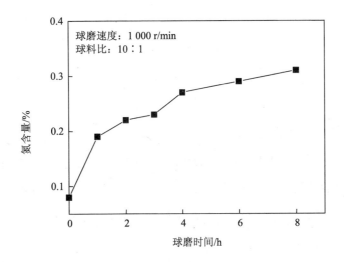

图 2-12　振动球磨下氮含量与球磨时间的关系

图 2-13 振动球磨 8h 粉末的 SEM 形貌

图 2-14 是采用行星式高能球磨机，在氮气压力为 0.1 MPa 时球磨粉末氮含量随时间的变化，为保证球磨过程中有足够的氮气参与反应，每隔 6 h 向球磨罐中补充一次氮气。可以发现粉末氮含量随球磨时间增加呈直线关系，这与在流动氮气中搅拌式球磨的规律相似，但球磨 120 h 后粉末含氮质量分数仅为 0.54%，大大低于搅拌球磨，原因可能有两方面：其一是行星球磨的球磨强度比搅拌球磨低；其二是行星球磨由于条件所限只能在封闭氮气中进行，而搅拌球磨是在流动氮气中进行的，与封闭氮气环境相比，流动氮气能够不断补充更多的活性氮原子，有利于粉末表面的氮吸附，同时还可以对球磨粉末起冷却和搅拌作用，减轻粉末由于热效应产生的冷焊和团聚，这也有利于粉末的吸氮。图 2-15 是行星球磨 120 h 后粉末的 SEM 形貌，与搅拌球磨 60 h 的粉末相比其粒度较大，呈不规则球形。

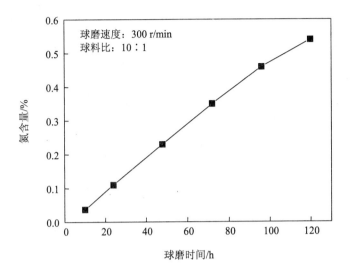

图 2-14　行星球磨下氮含量与球磨时间的关系

图 2-15　行星球磨 120h 粉末的 SEM 形貌

2.7.2　球磨机转速对粉末组织结构、氮含量的影响

采用搅拌式球磨机，球料比 10∶1，球磨时间为 48 h 的条件下，用 400 r/min 和 500 r/min 两种不同转速对粉末进行球磨，所得粉末的 XRD 结果如图 2-16 所示。

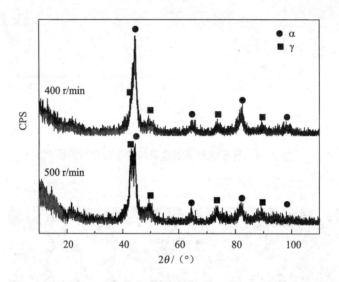

图 2-16　不同转速下粉末的 XRD 图

从图 2-16 中可以看出，在相同球磨时间下，随着球磨机转速的提高，粉末的机械合金化速度和程度加大，与 400 r/min 比较，500 r/min 转速下粉末衍射图中α相衍射峰相对强度明显下降，而γ衍射峰相对强度提高，说明在 500 r/min 转速下生成γ相的体积分数更多，即采用高的球磨转速有利于加快 α→γ 转变。图 2-17 是两种球磨转速下球磨 48 h 粉末的 SEM 照片，400 r/min 转速下粉末颗粒大小比较不均匀，存在大量的细小破碎颗粒和少量的焊合大颗

粒，局部还存在极少量未合金化的白色小球组成的钼堆积体；而 500 r/min 转速下粉末颗粒大小比较均匀，粒度分布明显变窄，颗粒形状也更接近球形，由破碎产生的大量细小颗粒明显减少，白色小球组成的钼堆积体也消失不见，以上这些都表明提高球磨机的转速有利于增进粉末的合金化程度和速度。

（a）400 r/min　　　　　　　　　　　（b）500 r/min

图 2-17　两种球磨转速下粉末的 SEM 照片

对 400 r/min 和 500 r/min 两种转速下球磨粉末的氮含量进行检测，分别为 1.12% 和 1.42%，可见转速的提高对球磨粉末的氮含量的增加更加有利。机械合金化过程中提高转速可以提高球的运动速度，增大球与粉末之间的碰撞力，提高每次碰撞的粉末的变形量和变形能，粉末的瞬时温升也大。同时，增加转速还可以提高单位时间碰撞次数，使单位时间内粉末的变形和微观应变增加，减小颗粒尺寸，促进原子的短路扩散，塑性变形量增大还可使复合组织细化快，增加两组元的反应界面积，加快扩散速度，所以提高球磨转速可有效提高机械合金化的效率，缩短球磨所需时间。但机械合金化并不是转速越高越好，因为太高的转速会导致体系温升过大，使粉末团聚和冷焊严重，并发生严重粘球和粘罐现象，反而导致球磨效率降低，同时过高的转速还会造成粉末氧化加剧和杂质含量的增加。本实验采用 400 r/min 转速球磨一定时间后能够使粉末机械合金化充分进行，同时又能获得满足需要的高氮含量，球磨过程也没有发生严重粘球和粘罐问题。

2.7.3　球料比对粉末组织结构、氮含量的影响

图 2-18 和图 2-19 分别为在转速 400 r/min，球磨时间为 48 h 的条件下采用 10∶1 和 15∶1 两种不同的球料进行球磨所得粉末的 XRD 结果和 SEM 照片，同转速对球磨效果的影响相似，球料比高粉末的机械合金化程度高，速度更快，XRD 图上显示球料比为 10∶1 的粉末球磨 48 h 最强的衍射峰仍是α相，开始出现少量的γ相；但在球料比为 15∶1 时，球磨粉末中γ相已经成为最强衍射峰，此时γ相已经成为主要组成相，这说明球料比对粉末组织结构的影响比转速更高，提高球料比可以使得α→γ转变更早进行，因为增大球料比可以缩短球磨机内球运动的平均自由程，提高球与球、球与筒壁之间的碰撞频率，可提高单位时间粉末的变形能，即提高了球磨效率，减少了达到相同球磨效果的球磨时间。从 SEM 照片上也可以看到，相同球磨时间下球料比高的粉末颗粒明显更细，另外测得球料比为 15∶1 粉末的氮含量为 1.40%，因此提高球料比对粉末的合金化和氮化均有利，但太大的球料比会造成球与球之间的无效碰撞过多，导致体系温升过大，发生严重的粘球现象，反而致使球磨效率下降。另外对筒壁的碰撞次数增多，碰撞频率加快了球磨筒的磨损，使得机械合金化过程中成分控制变得更加困难，磨损产生的杂质还会改变粉末的性能，过高的球料比还会造成粉末氧化严重。综合以上因素，并考虑最终材料合成对粉末的需要量，将球料比固定为 10∶1。

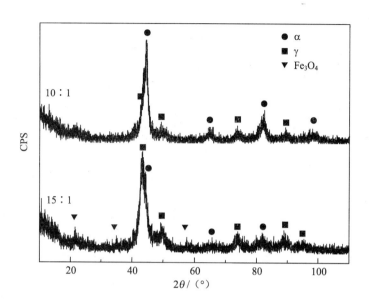

图 2-18　不同球料比下粉末的 XRD 图

（a）10∶1　　　　　　　　（b）15∶1

图 2-19　两种球磨比下粉末的 SEM 照片

2.8 本章小结

① 依据修正的 Schaeffler 图，详细讨论了铬、锰、钼、氮等合金元素对不锈钢组织及性能的影响。为了获得完全的无磁性奥氏体组织，实验设计的无镍高氮奥氏体不锈钢化学成分质量分数范围为：16.5%～17.5% Cr，3.0%～3.5% Mo，10%～12% Mn，0.8%～1.2% N，余 Fe。

② 在转速为 400 r/min，球料比为 10∶1 条件下，原始混合粉末中氮含量随球磨时间的延长近似呈线性增长的关系，粉末氮含量与球磨时间的一元线性经验回归方程为：$w_N = 0.192\,9 + 0.018\,9t$，且线性回归非常显著，这有利于球磨过程中精确控制粉末氮含量；48 h 球磨后粉末含氮质量分数为 1.12%；经过 96 h 球磨粉末的最终氮含量（质量分数）高达 1.98%。这种高氮含量的获得可归因于高能球磨产生的高密度位错和大量晶界。

③ 原始混合粉末在高能球磨过程中随球磨时间的延长，粉末颗粒内各元素通过不断固溶和扩散发生合金化，球磨到一定程度后粉末体内会发生α相向γ相的转变，实验发现球磨 48 h 后粉末中开始出现了γ相，且随球磨时间含量不断增加，球磨 60 h 粉末中发现了非晶的形成，球磨超过 96 h，粉末体全部是由固溶了大量氮及合金元素的过饱和γ单相组成。

④ 球磨初期是粉末晶粒细化和点阵畸变进行得最迅速的时期，随着球磨时间延长，晶粒细化速率和晶格变形速率明显变慢，球磨 48 h 后，粉末的细化和回复已经达到动态平衡，继续增加球磨时间，α、γ相的晶粒尺寸和点阵畸变量基本不再发生变化，最终晶粒尺寸大约在 5.0 nm，点阵畸变量在 1.0% 左右。

⑤ 机械合金化过程中，球磨初期粉末的破碎起主要作用，粉末颗粒迅速地细化，当球磨时间超过 48 h，冷焊与破碎逐渐达到了动态平衡，粉末颗粒尺寸趋于稳定，颗粒大小均匀，接近球形，绝大多数粉末颗粒的尺寸范围都在 5～10 μm，颗粒内已经实现了比较均匀的合金化。

⑥ 通过观察球磨粉末形貌的演变，并结合粉末在搅拌球磨机中的受力状况分析，以实验粉末为研究对象，建立了机械合金化过程中延性/脆性粉末球形化的模型，阐明了机械合金化过程中球形粉末的形成机理。

⑦ 与振动球磨机、行星球磨机上的球磨效果相比，粉末在搅拌式球磨机上于流动氮气中进行球磨的氮化作用最明显，氮化速度最快、最终氮含量也最高。

⑧ 提高球磨机的转速与球料比有利于加大粉末的合金化速度和程度，并提高粉末氮含量，但会使粉末黏结、氧化、污染加剧，实验确定了合理的球磨工艺为：转速 400 r/min，球料比 10∶1。

第3章　机械合金化不锈钢粉末的特性及其喂料的流变、注射性能

不锈钢难于机加工，因此许多不锈钢零件常采用精密铸造技术生产，但精密铸造的不锈钢零件存在尺寸精度较差，表面粗糙，形状上受一定限制，易产生元素偏析，有缩孔、砂眼等不足之处。粉末冶金不锈钢具有节约材料，少加工，成本低的特点而得到日益广泛的应用，然而采用常规粉末压制/烧结工艺制备的不锈钢制品密度较低，孔隙的存在降低了力学、耐蚀、表观等性能，而且仅限于形状较简单的零件。金属注射成形（MIM）工艺最适于大批量生产三维复杂形状的零件，用 MIM 制备的不锈钢烧结密度可达理论密度的 95%以上，力学性能和耐蚀性均有较大提高，无须后续机加工或只需用最少量的机加工，因此用注射成形方法制备不锈钢具有广阔的发展前景。本章系统研究了机械合金化制备的无镍高氮不锈钢粉末的物理特性，粉末注射喂料的流变性能及其注射工艺，为无镍高氮不锈钢的注射成形提供了理论指导。

3.1　机械合金化粉末的特性

MIM 要求粉末粒度为微米级以下，形状近球形，此外对粉末的松装密度、摇实密度、粉末长径比、堆积休止角、粒度分布也有一定的要求。目前注射成形用不锈钢粉末的制备方法主要是气雾化法和水雾化法，前一种方法得到的粉末球形度好，碳、氧含量低，可得到较高的粉末装载量，但细粉收率低、成本高；水雾化不锈钢粉价格较低，粉末较细，但球形度差，碳、氧含量高，粉末装载量较低。采用机械合金化工艺来制备注射成形用不锈钢粉末有望获得更细的粒度，并降低制粉的成本。

由第 2 章的分析可知，在转速为 400 r/min，球料比为 10∶1 固定的情况下，球磨时间对粉末的形状及粒度有很大的影响，通过北京科技大学粉体物性分析中心的检测，得到不同球磨时间粉末的基本物理性质如表 3-1 所示，可见随着球磨时间的延长，粉末的平均粒度不断减小，粒度分布变窄，粉末的松装密度、振实密度及比表面积也随之上升。当球磨时间为 48 h，混合粉末的松装密度和振实密度较高，分别达到 3.44 g/cm³ 和 4.52 g/cm³，为理论密度的 44.1% 和 57.9%，同时粉末球形度也较好，可见球磨可以有效改善粉末的特性，使之更加适宜注射成形工艺。振实密度的提高有助于提高喂料的装载量，比表面积的增大提高了粉末的烧结活性，球形度的提高有利于改善粉末的流动性。球磨时间为 48 h 的粉末与 60 h 的粉末相比，粒度与比表面积变化不大，说明此时粉末已经达到球磨的动态平衡阶段，继续延长球磨时间粉末也很难细化，只会带来粉末体的过分团聚和杂质含量的上升，对合金的最终性能造成不良影响，因而研究中选择合理的球磨时间为 48 h。

表 3-1　不同球磨时间粉末的特性

球磨时间/ h	粒度/μm			松装密度/ （g/cm³）	振实密度/ （g/cm³）	比表面积/ （m²/cm³）
	D_{10}	D_{50}	D_{90}			
12	11.789	28.564	56.913	2.87	3.92	0.315
24	8.901	23.289	49.135	3.05	4.11	0.400
36	7.328	16.991	35.341	3.23	4.38	0.513
48	4.674	11.926	27.536	3.44	4.52	0.764
60	4.229	10.094	22.050	3.52	4.61	0.872

3.2　注射喂料的制备

不锈钢注射喂料的制备主要包括选取适当的黏结剂体系，将不锈钢粉末按所选择的装载量比例与黏结剂进行混炼制成分布均匀的注射喂料。注射成形喂料制备的关键是将黏结剂与金属粉末在混炼机上充分混合，混合的目的是使粉末和黏结剂等各组元在整个喂料中均匀分布，由于喂料中产生的缺陷不能通过后面步骤的调整来消除，因此喂料的质量很关键。混合中最重要的是均匀问题。混合料需要各处的粉末和黏结剂含量一致，这样才能制造出密度均匀的注射生坯。

3.2.1　黏结剂的选取

粉末的注射成形中，黏结剂具有两个基本的功能。首先，在注射成形阶段能够和粉末均匀混合，降低粉末的黏度，使得粉末具有良好的流动性，成为适合于注射成形的喂料；其次，黏结剂能够在注射成形后和脱脂期间起到维持坯体形状的作用，使产品在烧结前具有完整合适的形状。

不锈钢注射成形使用的黏结剂一般分热塑性黏结剂与热固性黏结剂两

种。热固性黏结剂温度稳定性好，尺寸精度高，但混合困难、其缩合反应副产物通常是气体而导致产品多孔，脱脂困难；热塑性黏结剂是注射成形用黏结剂体系的先导与主导，热塑性黏结剂主要有石蜡基、油基等。石蜡高温黏度低，与塑料相容性好，粉末装载量高，该类黏结剂无毒，稳定，在混炼及注射时易于处理。

本实验中选择了石蜡基多聚合物组元黏结剂体系，它是以熔点低、流动性好的石蜡（PW）为主要组元，添加适量熔点较高的高密度聚乙烯（HDPE）作为骨架材料以提供坯体足够的强度，另外还有少量的表面活性剂硬脂酸（SA）。各黏结剂组元按照 67%PW+28%HDPE+5%SA 比例熔化后搅拌均匀。该黏结剂具有溶胀小、流动性好、保形性好和易脱除的特点，可以实现在不同温度段的分步快速脱脂，确保产品的尺寸精度。黏结剂各组元的物理特性如表3-2 所示。作为低分子组元的石蜡溶点低，在以后的脱脂过程中首先脱除而留下空隙使得其他组元快速脱出。硬脂酸可以降低表面张力，提高湿润性。高密度聚乙烯黏度高，强度高，在脱脂与烧结过程中保持形状。

表 3-2   黏结剂各组元的物理特性

组元名称	熔点/℃	密度/（g/cm³）	纯度/%
PW	58	0.91	>99
HDPE	142	0.96	>99
SA	66	0.96	>99

3.2.2　粉末装载量的确定

粉末装载量是粉末注射成形喂料工艺计算中的一个重要的工艺参数，其定义为喂料中粉末所占的体积百分比，是衡量喂料中粉末所占分量多少的指标。装载量的高低对于喂料的流动性、生坯的保形性、产品的收缩率和残余碳、氧含量都有很重要的影响。粉末装载量的计算公式如下：

$$\Phi = \frac{\rho_b W_p}{\rho_b W_p + \rho_p W_b} \tag{3-1}$$

式中：W_p、W_b——分别为金属粉末和黏结剂的重量；

ρ_p、ρ_b——分别为金属粉末和黏结剂的密度。喂料的密度可由下式来计算：

$$\rho = \rho_b + \Phi(\rho_p - \rho_b) \tag{3-2}$$

式中：ρ、ρ_p、ρ_b——分别为喂料、粉末、黏结剂的理论密度，喂料的密度与粉末装载量呈线性关系，过了临界装载量以后喂料的密度开始下降，所谓临界装载量是指黏结剂恰好充满颗粒间的空隙，喂料处于最紧密堆积状态时粉末颗粒的体积分数。实验发现球磨 48 h 粉末喂料的临界装载量为 62%。对于注射成形喂料，希望粉末装载量高些好，因为高的粉末装载量对产品的尺寸精度控制和变形控制有益。但是由于注射成形喂料特别要求有良好的均匀性、流动性和成形性，当粉末含量过高时，没有足够的黏结剂来填充颗粒间的空隙，造成喂料的黏度过大，注射成形流动困难，因而，粉末含量不可能无限的高，存在一个临界粉末含量。所谓临界粉末含量也就是临界装载量，即此时颗粒处于最紧密堆积状态，而且黏结剂恰好充满颗粒间的空隙。在实践中，粉末注射成形喂料的最佳粉末装载量要低于粉末临界装载量，由于成分上的固有变化、混合料不均匀性的影响以及灵活调整最终尺寸的需要，决定了最佳固体粉末含量应低于临界装载量，其质量分数一般 2%～5%。

3.2.3　喂料的流变学性能

在 MIM 工艺过程中，喂料稳定流动均匀充填模腔成形是其中的关键。MIM 喂料一般是由 40%～60%的金属粉末和黏结剂组成的粉末/黏结剂分散体系，其流变行为复杂，受到黏结剂、粉末含量、温度、剪切力、粉末与黏结剂的润湿作用、传热系数等诸多因素的影响，好的注射喂料往往是通过反复实验而得到的。材料对其组分体积单元位置的不可逆变化的反抗，即对流动的反抗，以及所伴随的机械能到热能的转化，可以用一个称为"黏度"的参数来表示。黏度为剪切应力 τ 和剪切速率 γ 之比。黏度值表示了喂料的流动性能，黏度值越小则流动性越好。MIM 喂料的黏度一般采用毛细管流变仪测定，虽然存在诸如螺旋流动距离及成形工艺范围等在一定程度上来评价喂料的流变学性能的方法，但是迄今为止，基于毛细管流变仪获得的黏度数据来评价喂料的流变学性能是最有效。其工作原理是在活塞上施加一定压力将流体从毛细孔中挤出，在稳定流动的条件下，测量沿毛细管的压强或流量即可获得该温度条件下的剪切应力和剪切速率值，也就得到了黏度值。制备注射成形喂料的关键是在保证喂料具有良好的流动性和热稳定性的基础上，尽量提高喂料的粉末装载量。

3.2.3.1　喂料黏度的测定

对于注射成形用喂料，由于其为非牛顿流体，黏度 η（Pa·s）可以根据下列公式来求得：

$$\tau_w = \frac{\Delta p}{2(L/R)} \tag{3-3}$$

$$\gamma_{\mathrm{a}} = \frac{Q}{4\pi R^3} \tag{3-4}$$

$$\gamma_{\mathrm{w}} = \frac{\gamma_{\mathrm{a}}}{4}\left[3 + \frac{d\ln\gamma_{\mathrm{a}}}{d\ln\tau_{\mathrm{w}}}\right] \tag{3-5}$$

$$\eta = \frac{\tau_{\mathrm{w}}}{\gamma_{\mathrm{w}}} \tag{3-6}$$

式中：τ_{w}——管壁处的剪切应力；

Δp——沿毛细管的压强降；

L 和 R——分别为毛细管的长度和半径；

γ_{a}——表观剪切速率；

Q——流量；

γ_{w}——管壁处剪切速率；

η——黏度。

为确定合适的装载量，实验中对球磨 48 h 的粉末配制了 4 种不同装载量的注射喂料，分别为 54%、56%、58% 和 60%，采用毛细管流变仪测量喂料在 150℃、160℃ 和 170℃ 不同剪切速率下的黏度值，其结果如表 3-3 所示。

从表中可以看出随着剪切速率的增加，黏度值迅速降低，呈现假塑性体流变行为。且温度对流动性的影响很明显，温度升高，黏度值下降，流动性能变好。装载量对喂料黏度的影响很大，固体粉末含量越大，喂料黏度也越高，流动性越差。实验中黏度最小值出现在 170℃ 喂料装载量为 54% 时，装载量为 58% 喂料在 150℃ 时黏度最大。从整体上讲，由于实验中采用的是球磨处理过的粉末，粉末颗粒形状仍不很规则，因此喂料的黏度偏大。

表 3-3　不同装载量，不同温度，不同剪切速率下的喂料黏度

装载量/%	温度/℃	剪切速率/s⁻¹					
		3.543 3	11.811	35.433	118.11	354.33	1 181.1
54	150	2 486	1 484	1 003	658.0	457.8	216.7
	160	2 284	1 246	786.3	395.2	283.9	152.8
	170	1 961	1 128	624.9	328.5	201.4	116.8
56	150	3 350	2 383	1 243	817.2	585.3	339.3
	160	3 123	2 176	1 116	619.7	449.2	260.7
	170	2 947	1 677	995.8	517.9	319.2	219.1
58	150	4 159	2 429	1 463	963.8	615.2	409.0
	160	4 090	2 229	1 364	806.4	599.2	348.7
	170	3 979	2 196	1 306	773.8	485.3	289.6
60	150	5 490	4 073	1 731	930.6	647.4	465.4
	160	5 024	2 993	1 702	910.4	627.5	382.5
	170	4 813	2 829	1 638	875.6	540.5	304.1

3.2.3.2　剪切速率对喂料黏度的影响

MIM 喂料为一种粉末/黏结剂分散体系，一般呈现假塑性体流变行为，其黏度与剪切速率的关系可用下式表示：

$$\eta = k\gamma^{n-1} \tag{3-7}$$

式中：k——系数；

n——流动性指数，又称为应变敏感性因子，$n<1$。n 值的大小代表着流体对剪切速率波动的敏感性。n 值越小，喂料黏度随剪切速率的变化而上升或下降的速度就越快。

注射成形过程是在温度和压力的作用下进行的，喂料黏度随剪切速率上升而迅速下降，对注射成形是非常有利的。这种高的应变敏感性对于成形精巧

复杂形状的产品尤其重要，而这些精巧复杂形状产品正是 MIM 产业的主导产品。

作不同喂料黏度与剪切速率的双对数图，经过线性拟合，可以得到各喂料的 n 值。图 3-1 为在 170℃下各喂料的黏度与剪切速率的关系，可知所制备的喂料的黏度随剪切速率的升高而下降，呈现假塑性流体的流变行为。通过计算黏度与剪切速率的对数关系线的坡度，可算出喂料的应变敏感性因子 n 值。分别得到在 170℃下 $n_{54\%}=0.49$、$n_{56\%}=0.46$、$n_{58\%}=0.45$、$n_{60\%}=0.48$，粉末装载量 58%时喂料的应变敏感因子最小。

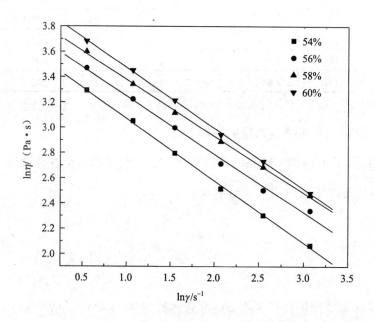

图 3-1 喂料黏度与剪切速率的关系

3.2.3.3 温度对喂料黏度的影响

除剪切速率外，温度也是影响喂料黏度的重要因素。温度的影响是一个热激活的过程，喂料黏度和温度的关系可用 Arrhenius 方程[100]表示：

$$\eta(T) = \eta_0 \exp(E/RT) \tag{3-8}$$

式中：η_0——参考黏度；

　　　E——黏流活化能；

　　　R——气体常数；

　　　T——温度。

其中的黏流活化能值代表了温度对 MIM 喂料黏度的影响。E 值小时，喂料黏度对温度变化的敏感性小，注射时温度的波动就不会对注射成形件的质量造成太大的影响，对 MIM 是很有利的。图 3-2 为不同装载量的不锈钢喂料的黏度与温度的关系。从图中可知随着温度的上升喂料的黏度有下降的趋势，注射成形工艺中关注的是喂料黏度随着温度的上升变化的程度，即在图 3-2 中的每个直线的坡度代表喂料的温度敏感性。在剪切速率 1 181.1 s^{-1} 的情况下通过黏度与温度关系而得到喂料的黏流活化能。计算得到：$E_{54\%}$=51.38 kJ/mol、$E_{56\%}$=36.36 kJ/mol、$E_{58\%}$=28.70 kJ/mol、$E_{60\%}$=35.37 kJ/mol。58% 喂料的黏流活化能最低，说明其黏度对温度变化的敏感性较小，有较宽的注射温度区间。

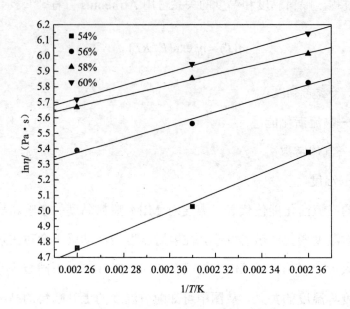

图 3-2　喂料黏度与温度的关系

3.2.3.4　喂料的综合流变学因子

Weir[101]曾提出一模塑性指数α_{stv}用来综合评价喂料的流变性能，这个指数包括了流体黏度、黏度对温度的敏感性及黏度对剪切速率的敏感性这几个流变学主要参数，称之为喂料综合流变学因子，其表达式为：

$$\alpha_{stv} = \frac{1}{\eta_0} \frac{\left|\dfrac{\partial \log \eta}{\partial \log \gamma}\right|}{\dfrac{\partial \log \eta}{\partial 1/T}} \tag{3-9}$$

简化上式得：

$$\alpha_{stv} = \frac{1}{\eta_0} \frac{|n-1|}{E/R} \tag{3-10}$$

式中：n——流变行为指数；

　　　η——黏度；

　　　η_0——参考黏度；

　　　γ——剪切速率；

　　　T——绝对温度；

　　　E——黏流活化能；

　　　k——气体常数。

α_{stv} 的下标 s, t, v——分别为剪切敏感性、温度敏感性和黏度的综合影响；α_{stv} 值越大，流体流变性能越好。温度为 170℃，剪切速率为 1 181.1 s^{-1} 时，喂料的 α_{stv} 值乘以 10^6 后使其介于 1 和 10 之间，经计算为 $\alpha_{stv54\%}=2.63$、$\alpha_{stv56\%}=2.54$、$\alpha_{stv58\%}=2.96$、$\alpha_{stv60\%}=2.66$，可知装载量为 58% 时喂料的综合流变学因子最大，说明粉末装载量 58% 时喂料的流变性能最好。结合上述的实验结果，可知本实验中喂料粉末装载量选择为 58% 时最适合进行注射成形。

3.3　注射工艺

　　注射工艺是在整个 MIM 工艺独有的特色及非常关键的一步工序，首先将喂料加热到熔化温度，然后加压使熔体进入模腔，在模腔中冷却成形。目的是得到所需形状的成形坯，粉末均匀分布其中，没有孔隙和其他缺陷，因此熔体的黏度必须足够低以便能方便地流入模腔，残留应力小，同时要求成形花费的成本最少，成形时间最短。

　　注射工艺在一定的温度与压力之下进行的复杂过程，注射参数的微小变化会对最终注射坯的质量造成很大的影响，出现各种缺陷如欠注、飞边、气泡与内部空隙等。除了注射参数的正确控制以外，模具设计也对注射过程的影响很大，填充时喂料在模腔中的流动就牵涉到模具设计的问题，包括在进料口的位置、流道的长短、排气孔的设置等。本节主要讨论模具设计与注射参数对注射工艺的影响。

3.3.1 模具设计

注射模具的基本组成可分为以下几部分：① 型腔、型芯部分；② 浇注系统；③ 顶出系统（又称脱模机构）；④ 动、定模导向定位系统；⑤ 侧抽芯系统；⑥ 模具温度调节系统；⑦ 模具安装系统。

其中型腔尺寸设计和浇注系统设计对注射成形尤为重要，可称为整个模具的心脏区。型腔设计也是在模具设计中最关键的一步工序。对于塑料注射成形，实际型腔尺寸与最终产品尺寸接近，但粉末注射成形的型腔的大小根据烧结收缩率要放大，放大量由装载量和烧结收缩率决定。为补偿成形坯烧结时的收缩，型腔的每一尺寸应根据收缩率进行放大。如果最终所要求的尺寸为 L_f，产品相对密度为 f_f，装载量为 f_i，这样型腔尺寸大小 L_i 则根据膨胀系数 Z 而得到。膨胀系数 Z 定义如下：

$$Z = L_i / L_f \tag{3-11}$$

利用式（3-11）、粉末装载量与相对密度来求出膨胀系数 Z，如式（3-12）所示。

$$Z = \left(\frac{f_f}{f_i} \right)^{\frac{1}{3}} \tag{3-12}$$

另外，成形坯从最初状态到最终状态尺寸的变化除以最初尺寸的商便是收缩率 Y：

$$Y = \frac{L_i - L_f}{L_i} = 1 - \left(\frac{f_i}{f_f}\right)^{\frac{1}{3}} \qquad （3-13）$$

本书中机械合金化不锈钢粉末注射料的装载量 f_i 为 58%，烧结后产品的相对密度 f_f 大约为 98%，代入式（3-12）与式（3-13）中可以算得 Y=0.160，Z=1.191。膨胀是以产品最终尺寸为标准的，而收缩是以成形坯尺寸为标准。尽管模具尺寸必须扩大来补偿烧结收缩，但角度不变，可以直接进行设计。

3.3.2　注射参数的控制

注射成形是在整个 MIM 工艺独有的特色及非常关键的一步工序，首先将喂料加热到熔化温度，然后加压使熔体进入模腔，在模腔中冷却成形。目的是得到所需形状的成形坯，粉末均匀分布其中，没有孔隙和其他缺陷，因此熔体的黏度必须足够低以便能方便的流入模腔，残留应力小，同时要求成形花费的成本最少，成形时间最短。

注射成形在一定的温度与压力之下进行的复杂过程，注射参数的微小变化会对最终注射坯的质量造成很大的影响，出现各种缺陷如欠注、飞边、气泡与内部空隙等。注射成形是个动态过程，注射成形的参数高度依赖于粉末的特性，黏结剂的组成，喂料黏度等。在注射成形过程中，温度和压力是影响注射坯的两个关键因素。为了将喂料送入模腔中，首先使喂料在加热的注射机成形枪管内熔化，注射喷管中喂料的温度必须足够高，通常为 50～200℃。使喂料在填充模腔之前没有冷凝而且平稳流动。温度低会使喂料黏度加大，不能完全充填模腔；温度太高则会使喂料的黏度过低，导致黏结剂与粉末分离，还会出现飞边等缺陷。而且过高的温度会造成黏结剂的蒸发。实验中将注射压力设为100 MPa观察不同注射温度对注射坯成形性的影响，如表3-4所示。

表 3-4　注射温度对成形性的影响

注射温度/℃	145	150	155	160	165	170
注射坯质量	模腔未注满成形小部分	模腔未注满成形大部分	模腔注满表面有裂纹	模腔注满试样完好	模腔注满试样完好	试样完好出现飞边

注射成形过程中的另一个重要的参数是注射压力。提高注射压力在一定程度上有利于喂料成形。高的注射压力对成形坯密度提高的影响较小，但是黏结剂分离和渗入分模线的可能性增大。压力过大会在浇口处引起喂料中黏结剂和金属粉末的分离，造成坯件局部密度过大，注射压力过大还会产生应力，导致成形坯变形。高的注入压力，低的喂料黏度和快的充模速度综合会导致喷射，带来表面焊纹和气泡等缺陷。慢的充模速度使得喂料来不及成形就已经冷却，这称为"短射"，渐进充模的情况最为理想。理想的注射压力应该是：成形时喂料充满模腔，黏结剂也充满金属粉末之间的间隙，并且在注射压力作用下黏结剂产生适量的收缩，这样，当注射压力撤除，冷却脱模时，由于压力消除而导致黏结剂的膨胀趋势能够补偿黏结剂的收缩趋势，得到基本上与模具尺寸保持一致的成形坯。实验中经过反复调整试验参数，最终确定的注射温度165℃，压力100 MPa，注射坯体有三种：一种为尺寸 42 mm×3.7 mm×5.4 mm 的小拉伸条，用于测试材料的力学性能和进行微观组织观察；另一种是 ϕ20 mm×5 mm 的圆片，用于测试材料的电化学腐蚀性能；第三种为一种滚珠丝杠反向器坯体，用以测试复杂零件的尺寸精度。图 3-3 为用数码相机拍摄的

注射坯实物照片及注射坯内部断口的 SEM 形貌，从外观上看注射坯表面光滑，没有出现宏观裂纹和缺陷。从断口照片可以看到坯体内部黏结剂与粉末混合均匀，且没有产生粉末的偏聚现象，这说明本实验对于注射参数的选择是合适的。

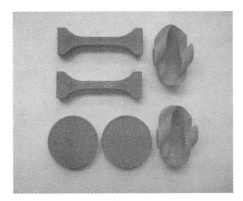 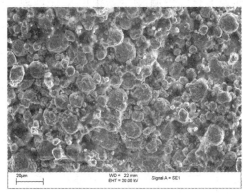

（a）注射坯实物　　　　　　　　　　　　（b）断口

图 3-3　注射坯实物照片及断口 SEM 照片

3.4　本章小结

① 高能球磨可以有效改善粉末的特性，随着球磨时间的延长，粉末的平均粒度不断减小，粒度分布变窄，粉末的松装密度、振实密度及比表面积也随之上升。当球磨时间为 48 h，混合粉末的松装密度和振实密度较高，分别达到理论密度的 44.1% 和 57.9%，同时粉末球形度也较好，满足注射成形工艺要求。

② 采用石蜡基多聚合物组元黏结剂体系，配制了装载量为 54%～60% 四

种喂料，通过喂料的流变学测试，发现装载量为 58%时喂料的应变敏感性，温度敏感性等综合流变学性能最好，最适合进行注射成形。

③ 实验确定的高氮不锈钢喂料的注射工艺参数为：注射压力 100 MPa，注射温度 165℃。注射坯表面光滑，不出现宏观缺陷，坯体内部黏结剂与粉末均匀混合，没有发生粉末的偏聚现象。

第 4 章　机械合金化粉末注射坯的脱脂

　　脱脂工艺是采用物理或化学方法将注射坯里的有机黏结剂排除的过程，注射成形工艺中一般使用 30%～60%的黏结剂，所以烧结前必须把黏结剂脱除干净。脱脂工艺是在整个工艺中最耗时间，最关键的一个步骤，黏结剂不但要完全脱除，而且要求黏结剂分解不破坏或污染成形坯。由于注射坯中黏结剂含量较大，在脱脂过程中不恰当的脱脂工艺会导致多种脱脂缺陷如开裂、起泡、变形等，因为脱脂工艺中出现的缺陷是无法通过后续烧结工艺来弥补，所以这还会进一步影响到坯体的完好烧结。注射成形的脱脂有热脱脂、溶剂脱脂、虹吸脱脂、催化脱脂等方法，热脱脂是最常用的方法。为了减少注射坯脱脂过程中缺陷的产生，加快热脱脂的速度，实验中采用溶剂萃取法和热脱脂两种方法相结合来脱除黏结剂，即先将注射坯浸没在有机溶液中以溶解黏结剂体系的一部分组元，再利用高分子聚合物易蒸发和热解的特性来去除剩余的组元。热脱脂过程中由于不锈钢粉末中含有易被氧化、碳化的合金元素 Cr、Mn 等，而使用的石蜡基黏结剂体系分解后会产生 C、N、O、H 等元素，这些元素能与 Cr、Mn 等组元发生反应，降低烧结密度，严重影响产品性能。本节研究的重点是确立合理的脱脂预烧结工艺，减少脱脂过程中的缺陷同时降低有害元素的污染。

4.1 溶剂脱脂

溶剂脱脂就是把成形坯浸没在有机溶剂中以溶解黏结剂体系中的一种或几种组元，从而为以后进一步蒸发、脱脂留下开孔结构。如果成形坯内部黏结剂分布不均匀，黏结剂多的地方被溶剂溶解形成空洞，就会在内部产生孔洞。成形坯的金属粉末装载量小，也会在脱脂过程中带来缺陷。脱脂时，随着黏结剂的溶解，若金属粉末装载量小，颗粒重排的幅度就大，这就使得有些区域金属粉末装载量提高，有些区域金属粉末装载量降低，从而导致开裂。

溶剂脱脂要求黏结剂至少由两种互不相溶的组元组成，一种被溶剂萃取，另一种在萃取过程中和萃取过程后保持粉粒在其适当的位置。被溶剂萃取的黏结剂组元必须与成形坯表面相连。可溶性组元要求在黏结剂中充分相连，一般要求它在黏结剂中至少占 30%。黏结剂浸泡在溶剂中时，其可溶性组元以扩散的方式经黏结剂—溶剂溶液从成形坯中流出。

研究中采用三氯乙烯作为溶剂，溶剂的量足够大，远没有达到饱和程度，试验温度为 30℃。所用溶剂脱脂试样为 $\phi 20\ mm \times 5\ mm$ 的圆片，将注射坯浸泡在三氯乙烯溶液中，每隔 2 h 取出 4 个试样在背阴处自然风干，然后测量剩余质量，试样中黏结剂减少的质量百分数就是被溶解的黏结剂组元占黏结剂总质量的百分比，即黏结剂的脱除率，取平均值作为最终实验结果。图 4-1 为注射坯溶剂脱脂时间与脱脂率的关系曲线，由图可见随着浸泡时间的延长，黏结剂的脱除量增大。在溶剂脱脂的初始阶段，溶剂脱脂的速率是很快的；随着时间的增加，脱除速率下降，最后趋于恒定。这是因为在初始阶段，溶剂脱除的是注射坯外表面的可溶黏结剂组元，此时溶剂与黏结剂的接触面积大，黏结剂的起始浓度高，溶解扩散的速度快，脱脂速度快；随着脱脂时间延长，溶剂将大部分可溶解的黏结剂组元脱除，使得成形坯中可溶解的黏结剂浓度降低，注射坯内部的黏结剂需要较长的扩散过程才能溶解脱除，造成溶解速率下降。实验中溶剂脱脂 10 h，可脱去 50%以上的石蜡，而一般认为石蜡脱去 30%～40%便已形成开孔连续通道，因此试样在三氯乙烯中溶剂脱脂 10 h 即可。

　　溶剂脱脂包含下面几个基本步骤：首先是溶剂分子扩散进入 MIM 成形坯，然后黏结剂溶解于溶剂中形成黏结剂-溶剂溶体，黏结剂分子在成形坯内通过黏结剂-溶剂溶体扩散至成形坯表面，最后是扩散至成形坯表面的黏结剂分子脱离成形坯进入溶剂溶体中。为减少热脱脂过程中缺陷的产生，缩短热脱脂的时间，溶剂脱脂至少需要脱除黏结剂的 40%。实验中选择常温下溶剂浸泡时间为 10 h，此时脱除量约为 55%，继续延长时间对脱除量贡献不大。溶剂脱脂后试样未发生鼓泡，胀裂等缺陷。图 4-2（a）和图 4-2（b）分别为溶剂脱脂 4 h 和 10 h 后坯体的断口形貌，可见随着脱脂时间的延长，粉末颗粒的原始形貌显现的逐渐清晰，颗粒之间出现了大量空隙，溶剂脱脂 10 h 后包裹在粉末表面和填充在粉末颗粒间隙处的黏结剂大部分已被去除，脱脂坯颗粒之间还残留有不溶于溶剂的高聚物共混物，这些残留的高聚物组元和颗粒之间的机械啮合力起到了保持脱脂坯形状的作用，脱脂坯中颗粒和孔隙分布均匀，没有任何新的缺陷产生，黏结剂中的连续通道已经形成，为其热脱除提供了条件。

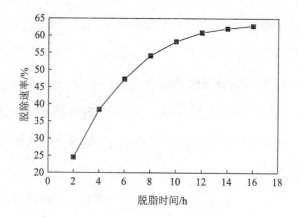

图 4-1　溶剂脱脂过程黏结剂脱除速率与时间的关系

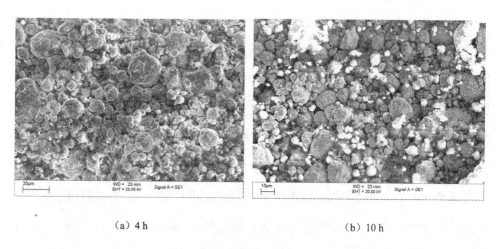

（a）4 h　　　　　　　　　　　　（b）10 h

图 4-2　溶剂脱脂不同时间的断口照片

4.2　热脱脂

热脱脂是一个非常复杂的物理化学过程，其过程可以描述为 3 个阶段，即初期阶段、中期阶段以及后期阶段。黏结剂的流动受毛细管力、渗透压及环境压力的作用。

① 初期阶段：热脱脂初期阶段是指生坯内部形成连通孔之前的时期。热脱脂开始之前，生坯被黏结剂液相充满。在热脱脂初始阶段，低分子量物质，如石蜡、硬脂酸、液体石蜡等，在较低的温度下开始挥发，在生坯内形成小的孔隙通道。由于孔隙通道很小，低分子量物质形成的气体的扩散速率小于气体的生成速率，因此这些孔隙通道内的气体会产生气体压力，如果升温速率过快，低分子量物质挥发过快易导致脱脂坯开裂、鼓泡等缺陷，故这一阶段升温速率不宜过快，热脱脂速率较小。由于表面黏结剂的挥发物扩散通道短，因而扩散速率大。脱脂坯内部孔隙通道长，气体扩散速率小，因而内部黏结剂脱除速率小，黏结剂液体前沿从表面收缩。此阶段的黏结剂分布模型如图 4-3（a）所示。

② 中期阶段：随着热脱脂过程的进行，黏结剂熔融液体的黏度减小，流动性增加，黏结剂热脱脂速率增大。脱脂坯内部黏结剂挥发物的气体压力、毛细管力以及溶液的扩散渗透作用将促使黏结剂液体流动。生坯内的部分黏结剂液体被推向脱脂坯表面，而其他的黏结剂将会不均匀地分散在颗粒之间形成粉末聚集体，生坯内部颗粒之间形成较大地孔隙及通道，气体的溢出速率增加，可以较快的速率升温，加快脱脂速率。这一阶段的黏结剂分布模型如图 4-3（b）所示。

③ 后期阶段：在热脱脂的后期阶段，大部分的低分子量黏结剂组元已被脱除，余下的黏结剂液体（少量低分子量黏结剂组元和大部分高分子聚合物组元）大都存在于颗粒之间的颈结处，液相基本上不再呈现连续相，随着低分子量物质不断脱除，其颈接处主要由高分子液体存在。这些黏结剂液体由毛细管

力的作用将颗粒与颗粒紧密地联系在一起,起到了维持脱脂坯形状的作用。当黏结剂脱除完毕之后,将主要由颗粒之间的机械啮合作用以及轻微的预烧作用来维持脱脂坯形状。此阶段的过程模型如图4-3(c)所示。

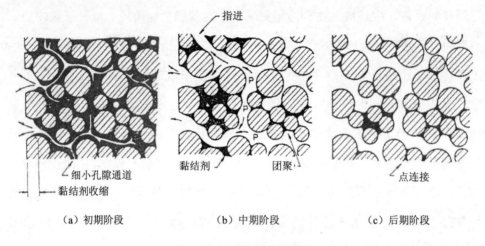

（a）初期阶段　　　　　　（b）中期阶段　　　　　　（c）后期阶段

图 4-3　热脱脂过程的模型

热脱脂工艺路线的设计主要是根据喂料的热分析实验来确定。采用 NETZSCH STA 409C 热分析仪在氩气气氛下以 10℃/min 的加热速率进行加热,记录试样的失重与差热过程。图 4-4 为喂料的热分析曲线。图中出现了两处比较大的失重区间,第一区间从 180℃ 左右开始失重,至约 330℃ 结束,在这一温度区间内,喂料的失重为 4.89%,在约 294℃ 出现能量峰值,此阶段喂料有最大的质量损失,因而这一阶段对应黏结剂中主要组元的热分解;第二区间从 330℃ 开始到 450℃ 结束,在 412℃ 处能量出现峰值,喂料失重为 0.99%。因而这两个区间对应了黏结剂中组元的热解。图中在约 120℃ 处还有一处能量峰,这对应为黏结剂开始软化并形成液相。研究表明, PW 的热解温度范围为 188～327℃,而 HDPE 的热解温度则为 415～550℃,

这与图中的能量峰值出现的温度和两个较大失重量区间基本一致。因此，图中第一个较大的失重主要是 PW 的热解，而第二个较大的失重则主要对应 HDPE 的热解。当热解温度超过 500℃后，注射坯不再失重，说明注射坯中的黏结剂已经完全脱除。继续升高温度，从 TG-T 曲线上看进入增重阶段，这可能是因为在此温度阶段不锈钢粉末开始发生少量的氧化。

根据以上注射坯热分析曲线图可将热脱脂分为五个阶段。第一阶段为室温～200℃；第二阶段为 200～350℃；第三阶段为 350～450℃；第四阶段为 450～550℃；550℃以后为第五阶段。将这几个阶段分步脱脂并确定每阶段的保温温度及时间。保温温度应避免为黏结剂组元快速分解挥发的温度，因为这些温度下，黏结剂组元分解产生大量的气体会导致脱脂坯的开裂、鼓泡等缺陷。为减少黏结剂组元分解残留下的碳、氧等杂质，尽量在低于黏结剂组元分解温度时通过蒸发方式将其脱除。

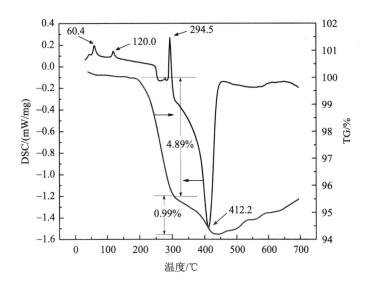

图 4-4　注射喂料热分析曲线

根据热差分析曲线可以确立热脱脂工艺。图 4-5 为本实验所设计的热脱脂工艺路线图。由于注射坯先进行了溶剂脱脂步骤，已脱除 50%以上的黏结剂，在开始阶段可以采取较快的升温制度，从室温以 3℃/min 的升温速度，加热 60 min 至 200℃保温 30 min，主要是为了除去溶剂脱脂所吸收的水汽和三氯乙烯挥发在试样表面残留的高聚物，为黏结剂的脱除做准备。200～350℃主要排除黏结剂中剩余的石蜡，升温速率不宜太快，以 1℃/min 升温速率加热至 350℃，保温 60 min，该过程结束后，黏结剂中的石蜡已经热解完毕。以后阶段主要排除黏结剂中的剩余组元高密度聚乙烯，以 1℃/min 升温速率加热至 450℃保温 60 min，此时脱脂坯中已经形成了大量的连通孔隙，后面可以采用较快的加热速度，再以 2℃/min 的升温速率加热至 550℃保温 60 min，确保高密度聚乙烯全部脱除，至此，注射坯中的黏结剂已全部脱除，但试样强度很低无法搬运，为此，试样需在 800℃进行预烧结，时间为 60 min。

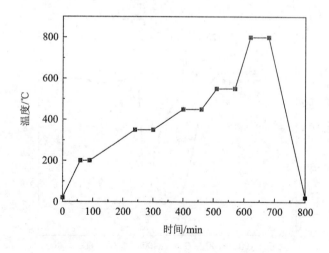

图 4-5　溶剂脱脂坯的热脱脂工艺路线图

图 4-6 为在高纯氮气中经热脱脂和预烧结后试样实物照片及其断口形貌，从表观上看热脱脂质量良好，没有出现任何变形、裂纹等缺陷；从内部断口看脱脂坯中黏结剂已基本脱除干净，坯体内留下大量空洞，不锈钢粉末大颗粒与小颗粒互相交杂在一起，且颗粒之间已形成部分烧结颈，有了一定程度的烧结，这也使得试样具有了一定的强度。

 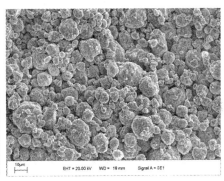

（a）热脱脂坯实物　　　　　　　　　　　（b）断口

图 4-6　热脱脂坯实物照片及断口 SEM 照片

研究表明，碳、氧、氮含量对无镍高氮不锈钢的性能有着重要影响。试验中在四种气氛，即流动氮气、流动氩气、流动的氮气+氢气混合气（75%N_2+25%H_2）以及真空中对球磨 48 h 的无镍高氮不锈钢粉末注射坯进行了热脱脂试验，然后检测了其碳、氧、氮的含量，其结果如表 4-1 所示。

表 4-1　不同脱脂气氛下试样的 N、C、O 含量　　　　　单位：%

元素名称	不同脱脂气氛下			
	N_2	Ar	N_2+H_2	真空
N	4.30	0.43	2.96	0.28
C	0.24	0.21	0.18	0.15
O	1.56	1.53	1.33	1.02

从表 4-1 中可以看出，各种脱脂气氛下热脱脂后样品中的碳含量均高于球磨粉末的含碳质量分数（0.08%），这是因为黏结剂脱除过程中会残留一部分碳，残留的碳会在随后的烧结过程中进一步去除。脱脂气氛对脱脂试样氮、氧含量的影响是很大的，从第 2 章可知球磨 48 h 不锈钢粉末的氮、含氧质量分数分别为 1.12%和 1.64%，在非氮基气氛（如 Ar 或真空）中脱脂，氮含量的降低很显著，尤其是真空中减少更为严重，相反在氮基气氛（如 N_2 和 N_2+H_2）中脱脂氮含量反而明显提高，主要是因为形成了氮化物，上述现象说明了脱脂气氛中氮分压大小对试样的氮含量影响是至关重要的，氮分压越大，脱脂试样中的氮含量越高；在氮气和氩气这些中性气氛中脱脂，氧含量基本没有变化，而在有部分还原性气氛的 N_2+H_2 中热脱脂，由于试样中的氧化铁能被氢气部分还原，氧含量有所下降，真空热脱脂试样中氧的下降最为显著，其原因也在于在真空状态下黏结剂中的残余碳能还原较多的氧化铁，但总的来说由于脱脂温度较低，且粉末中存在着难还原的铬锰氧化物，因此真空脱脂坯中氧含量依然比较高。四种脱脂气氛中脱脂坯的含氧质量分数均在 1.0%以上，较高的氧含量必然会影响到以后的烧结行为和烧结体的性能。

4.3　本章小结

① 根据黏结剂的性质，选择两步脱脂法即溶剂脱脂+热脱脂。采用三氯乙烯溶剂脱脂 10 h 可脱去复合黏结剂中 50%以上的石蜡，在注射坯内部形成开孔连续通道，缩短了热脱脂时间。通过喂料的热分析曲线，设计出合理的热脱脂工艺，第一阶段从 200～350℃，主要去除黏结剂中的 PW；第二阶段从 350～500℃，主要排除 HDPE。经过热脱脂后试样黏结剂已脱除干净，且没有表面

及内部缺陷。

②不同脱脂气氛对脱脂试样氮、氧含量的影响较大，在非氮基气氛（如 Ar 或真空）及真空中脱脂，氮含量的降低很显著，而在氮基气氛（如 N_2 和 N_2+H_2）中脱脂由于形成氮化物，氮含量则明显提高。在氮气和氩气这些中性气氛中脱脂，氧含量基本没有变化，在含有部分还原性气氛的 N_2+H_2 中热脱脂氧含量有所下降，真空热脱脂试样中氧的下降最为显著，但总体来说四种脱脂气氛中脱脂坯的氧含量都比较高。

第5章　注射成形无镍高氮不锈钢的烧结

烧结是注射成形工艺中热脱脂后最后的一个关节，是左右整个工艺质量的非常关键的一步工序。烧结的结果是使粉末颗粒之间在高温下发生黏结，此过程中烧结体的密度逐渐上升，其他的力学性能也随着密度的升高一起提高。烧结对于粉末冶金材料的性能有着决定性的影响，烧结中出现的缺陷无法通过其他的方法挽回。因为注射成形工艺中添加大量的黏结剂，脱脂后试样的相对密度为 60%～65%左右，而最终烧结后材料的相对密度将达到95%～100%。影响烧结的因素有烧结温度、保温时间、烧结气氛等，如果烧结工艺选择不当，很容易造成烧结体的变形、致密度低、氧化等问题，因此合理选择烧结工艺对于获得组织致密，性能优良、收缩均匀的零件是至关重要的。

高氮不锈钢粉末的烧结与常规不锈钢烧结有其相似性，但又有自己独特的特点，因为高氮不锈钢的烧结体不仅要求高的致密度，还同时要求具有高的氮含量来维持其奥氏体组织极高的力学和耐腐蚀性能,而这两个方面的要求有时对烧结工艺的选择来说是相互矛盾的,因此必须通过烧结实验来探索最佳烧结工艺，以达到致密度和氮含量的最佳组合，从而得到合乎要求的0Cr17Mn11Mo3N 无镍高氮奥氏体不锈钢。本章从无镍高氮奥氏体不锈钢烧结体致密度、氮含量的要求出发，详细讨论了烧结温度、烧结时间、烧结气氛、氮分压等工艺参数的影响，并系统研究了不同烧结条件下试样的拉伸力学性能、耐腐蚀性能及烧结制品的尺寸精度，为注射成形 0Cr17Mn11Mo3N 不锈钢烧结工艺的优化提供了实验指导。

5.1　注射用粉末原料

实验中对于不同方法制备的两类不锈钢粉末的注射成形脱脂坯进行了烧结研究，第一类为由第 2 章机械合金化方法制备的无镍高氮不锈钢超细粉末，通过前面研究已经知道球磨 48 h 的粉末振实密度较高，球形度也较好，较适宜注射成形工艺，最佳装载量为 58%，因而实验重点研究了其注射成形脱脂坯的烧结特性；另一类为由高压惰性气体雾化法制备的 0Cr17Mn11Mo3 不锈钢粉末，与机械合金化粉末相比，其化学成分中除了不含氮之外，其他元素含量大致相同。其原料与制备工艺如下；将高纯铁（99.99%）、铁合金（Fe-75%Mn、Fe-57%Mo、Fe-67%Cr）等物料放入坩埚内，雾化系统抽真空至 5Pa 后开始加热，炉中温度和真空度到达 1 300℃和 1 Pa 后，熔炼室和雾化室分别充氩气和氮气保护。当熔体温度升至 1 600℃时，开始进行雾化。雾化介质为氮气，其压力为 4 MPa，液流直径为 2.5 mm，流速约为 5 kg/min。所得粉末过 400 目筛。图 5-1 表示常用的高压气雾化工艺示意图和主要生产设备。

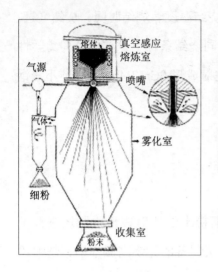 

（a）高压气雾化 （b）生产设备

图 5-1 常用的高压气雾化工艺和生产设备

经过检测分析，高压气雾化不锈钢粉末的主要物理性能如下：

松装密度为 4.23 g/cm^3；

振实密度为 5.08 g/cm^3；

粉末粒度：D_{10}=7.67 μm，D_{50}=16.377 μm，D_{90}=30.903 μm。

可见高压气雾化粉末的平均粒度较机械合金化粉末稍粗，但松装密度与振实密度更高（分别达理论密度的 54.2%和 65.1%），且粉末颗粒球形度更高，如图 5-2 所示，粉末的上述特性使其在混炼过程中能够获得较高的装载量，减小粉末脱脂和烧结过程中的收缩变形，维持坯体形状，通过实验确定粉末装载量为 62%。图 5-3 为高压气雾化粉末的 XRD 分析结果，由于粉末中不含氮以及较多铁素体形成元素 Cr、Mo 的作用，使其物相组成主要为铁素体（Fe-Cr 固溶体）。

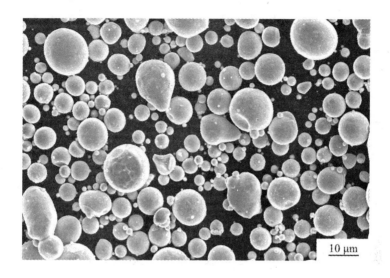

图 5-2　气雾化粉末的 SEM 照片

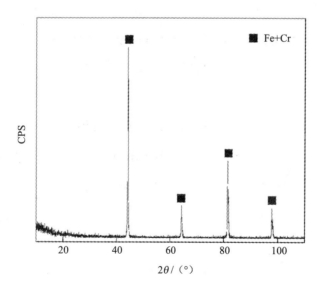

图 5-3　气雾化粉末的 XRD 图谱

5.2 烧结工艺

5.2.1 烧结制度的设计

常压下氮在液相铁中的溶解度很低，只有 0.045%，所以熔炼高氮不锈钢必须采用高压技术以提高氮在液相中的溶解度；而粉末冶金技术制备高氮不锈钢就是鉴于氮在固态奥氏体中的溶解度要远高于在液态铁中的溶解度这一实验事实，利用氮原子的固态扩散来获得高氮含量的，这也就意味着高氮不锈钢的烧结过程必须在固态下进行，不容许出现液相，因为一旦出现液相，烧结体的氮含量将会急剧降低。鉴于此，高氮不锈钢的烧结过程需要严格控制烧结温度，既要避免液相的产生，又要保证烧结体获得高密度和适宜的氮含量。图 5-4 是利用热力学软件 Thermal-calc 模拟出的 0Cr17Mn10Mo3N 合金的平衡相图，从图中可以发现对于处于奥氏体单相区的合金成分，烧结温度 1 350℃左右时会出现液相，所以实际选择的烧结温度应低于此温度，但过低的温度会造成低的烧结密度，参考其他高氮不锈钢的烧结致密化温度，同时为了严格确保烧结过程中不出现液相，本试验选取了 1 220～1 320℃的温度范围进行烧结试验，并采用氮基烧结气氛来保证烧结后获得高氮含量。

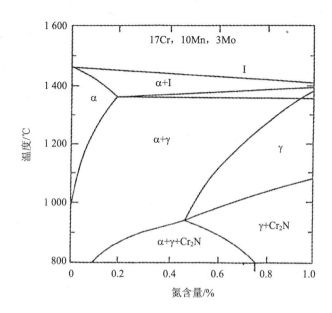

图 5-4　Thermo-calc 软件模拟的 0Cr17Mn10Mo3N 合金相图

为了探索 0Cr17Mn11Mo3N 无镍高氮奥氏体不锈钢最佳烧结工艺路线，实验采取了以下两种烧结方式：

① 流动气氛下烧结。这是在 GSL-1600X 管式烧结炉中实现的，烧结气氛为流动的高纯氮气或 N_2+H_2 混合气（75%N_2+25%H_2），烧结温度为 1 220～1 320℃，烧结时间为 30～150 min，流量为 1.5～2 L/min，升温速率为 10℃/min，烧结完成后随炉冷却。

② 真空脱氧+氮气烧结。这是在 WZS-120 管式真空炉内实现的。由于高能球磨粉末脱脂坯中的含氧质量分数较高（1.0%以上），氧化物的存在显然会影响到其烧结性能，考虑到上述原因，实验设计了真空脱氧+氮气烧结工艺路线，如图 5-5 所示。具体工艺为：在真空中（真空度 1.33×10^{-2} Pa）从室温开

始以 10℃/min 速度快速升温到 1 150℃，在此温度下保温 30 min，目的是使脱脂坯中的氧与碳尽可能发生反应脱去，然后以 3～4℃/min 的较慢速度升温到所需的烧结温度，在此过程中脱氧反应继续进行，当到达烧结温度后关闭真空扩散泵，充入一定压力的高纯氮气后烧结至所需时间，随后随炉冷却。

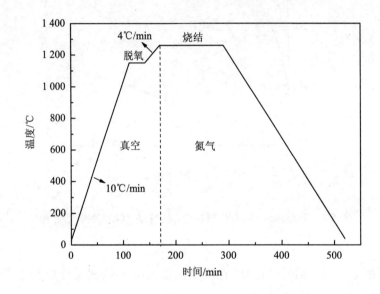

图 5-5　真空脱氧+氮气烧结工艺图

5.2.2　球磨时间对烧结体密度及氮含量的影响

将不同球磨时间的粉末注射成形氮气脱脂坯于 1 260℃分别在流动的高纯氮气和管式真空炉中进行真空脱氧+氮气烧结，烧结时间为 120 min，氮气压力为 0.1 MPa。

图 5-6 为粉末球磨时间与烧结密度的关系曲线，从图中可以看出，在流动氮气中烧结随球磨时间的延长，烧结密度是先上升后下降，这是因为：一方面，

由第二章实验可知粉末随球磨时间的延长，其晶粒不断细化，点阵畸变量不断增加，球磨过程中粉末体产生的大量畸变能、应变能以及表面能降低了烧结所需的激活能，同时，球磨过程中形成的大量新鲜表面以及粉末的非晶化也提高了其烧结活性，有利于烧结致密化；但另一方面，随球磨时间的延长，粉末的氧化也不断增加，而在流动氮气中烧结时氧化物很难被粉末中的碳还原而减少，因而烧结体中氧含量的提高会阻碍其烧结致密化，球磨粉末在流动氮气中烧结这两方面是相互矛盾的，只是取决于在某一阶段那种作用占优势，显然在球磨初期粉末晶粒细化和点阵畸变最大，而氧含量较低，因而使烧结致密化作用占优势，烧结体密度不断提高，反之在球磨后期粉末晶粒细化和动态回复达到平衡状态，此时粉末氧化却变的较严重，阻碍烧结致密化，造成烧结密度的降低，在流动氮气中烧结，球磨 48 h 的粉末脱脂坯的烧结密度最高，为 7.07 g/cm^3。与在流动氮气中烧结不同，当球磨粉末脱脂坯采用真空脱氧+氮气烧结时，随球磨时间的延长，在开始阶段烧结体密度明显提高，但当球磨超过 48 h 后烧结密度趋于不变，这是由于采用了在 1 150℃真空脱氧处理的缘故，因为在高真空条件下烧结时，粉末脱脂坯中的残余碳成为一种还原剂与粉末中的氧结合生成 CO 或 CO$_2$ 逸出，从而可以有效地还原粉末表面的 Cr$_2$O$_3$ 和 MnO 等氧化物，形成烧结活化的金属表面，所以通过这种真空脱氧处理会使烧结体中的氧化物大大减少，氧含量的明显降低使其对烧结致密度提高的制约作用大大减轻，此时影响烧结密度的主要是高能球磨产生的晶格畸变和晶体缺陷，当球磨超过 48 h 后，由于回复、再结晶使粉末的晶格畸变趋于稳定，故烧结密度也基本不再变化。

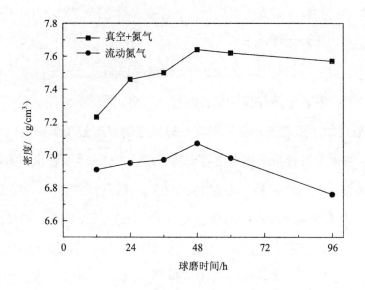

图 5-6　球磨时间与烧结密度的关系

对比真空脱氧+氮气烧结和流动的高纯氮气烧结两种工艺，发现对于同一球磨时间的粉末脱脂坯来说，前者的烧结密度要远高于后者，对球磨 48 h 的粉末脱脂坯采用真空脱氧+氮气烧结 1 260℃，烧结 120 min 后，其密度达到 7.63 g/cm³（相对密度为 97.90%），而相同条件下在流动氮气中密度仅为 7.07 g/cm³（相对密度为 90.60%）。表 5-1 是球磨 48 h 的粉末脱脂坯在两种工艺下 1 260℃，烧结 120 min 后，烧结体中的氧、碳含量检测结果，可以看出采用真空脱氧+氮气烧结工艺，由于粉末及黏结剂中残余碳与氧化物发生还原反应，使含氧质量分数从脱脂坯中 1.56%急剧降低至烧结体中的 0.64%，同时碳也相应由 0.24%降至 0.062%；而在流动氮气中烧结体氧含量下降很少，说明碳对 Cr_2O_3 和 MnO 等的还原反应主要是发生在高真空条件下。

表 5-1　不同烧结方式下试样的 C、O 含量　　　　　单位：%

元素	脱脂坯	烧结体	
		流动氮气	真空+氮气
C	0.24	0.12	0.062
O	1.56	1.54	0.64

图 5-7 为粉末球磨时间与其烧结体氮含量的关系曲线，可以发现所有烧结体的氮含量差别很小，保持在 1.0%～1.1%波动，此波动可考虑是由于检测的误差所致，这说明烧结氮含量与球磨时间及采用何种烧结方式都无关。实际上，对于粉末冶金高氮不锈钢的固态氮化过程而言，氮在钢中的平衡溶解度仅仅受到化学成分、烧结温度及氮分压的影响[102]。因为实验用的所有球磨粉末化学成分相同，在烧结过程中采用的烧结温度和氮分压也一致，故烧结体中的最终平衡氮浓度应该也是一定值，实验结果也验证了这一点，因此可以认为，对于实验成分的合金，在 1 260℃，氮分压为 0.1 MPa 条件下烧结氮的平衡溶解度为 1.0%左右，这满足第 2 章无镍高氮不锈钢成分设计中氮的成分要求，既能获得单相奥氏体又不会因为氮量过高而引起钢的脆性断裂。

综上所述，球磨时间低于 48 h 的粉末注射脱脂坯的烧结密度还较低；对于球磨 48 h 的粉末，其注射脱脂坯无论是采用流动氮气还是真空脱氧+氮气烧结方式都能获得较高的烧结密度和适宜的氮含量；继续增加球磨时间只会加大能耗，同时引起粉末的氧化和脏化加剧，而对烧结体密度和氮含量没有本质提高，所以实验从提高烧结性能方面考虑，确定了粉末的最佳球磨时间为 48 h。

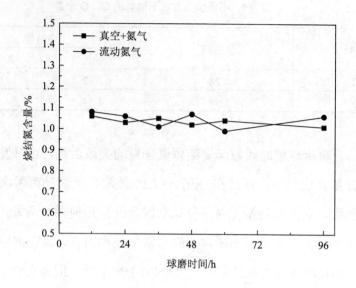

图 5-7　球磨时间与烧结氮含量的关系

5.2.3　烧结温度对烧结体密度及氮含量的影响

实验选用了两种粉末的脱脂坯进行烧结对比性研究，即球磨 48 h 粉末（Ⅰ号）和雾化合金粉末（Ⅱ号）。

将Ⅰ号和Ⅱ号粉末的氮气脱脂坯在流动氮气中 1 220℃、1 240℃、1 260℃、1 280℃、1 300℃和 1 320℃ 6 个温度点分别进行 120 min 的烧结，为了对比也对Ⅰ号粉末脱脂坯采用了真空脱氧+氮气烧结方式。图 5-8 为两种粉末坯体在不同温度下烧结时，其烧结温度与密度的关系曲线。从图中可以看出两种粉末坯体的烧结密度都随烧结温度的提高而增加，且存在致密化速度最快的温度区间，当烧结体接近最大烧结密度后继续提高烧结温度则密度增加很小。烧结体密度随温度的上述变化都遵循粉末固相烧结的一般规律，因为固相烧结的主要机制是扩散和流动，当烧结温度较低时，原子扩散和颗粒流动作用相对较弱，颗粒间的接触面形成烧结颈的数量较少，烧结颈的长大也不很充分，导致样品密度较低；随着烧结温度的升高，原子的扩散能力加强，粉体颗粒之间的接触面积增大，单位体积内形成烧结颈的尺寸区域增多，且体积扩散和传质能够充分进行，孔隙尺寸和数量减少，材料的相对密度不断增加；然而当烧结致密化达到一定程度后，烧结体中不可避免地形成一定数量的孤立闭气孔，闭气孔形成后，尽管烧结温度继续升高，但由于闭气孔压力增至很大，甚至超过引起其收缩的表面张力，这时闭气孔的收缩就将停止并且保留在材料内部，因此烧结密度趋于不变。由图可见，在流动氮气中烧结，Ⅰ号球磨粉末脱脂坯由于烧结体氧含量较高导致其烧结密度普遍较低，在 1 320℃时达到最高相对密度也仅仅为 93.2%；Ⅱ号雾化合金粉末在 1 240～1 300℃是烧结致密化速度最快的温度区间，烧结体的相对密度由 81.80%迅速提高到 98.33%，已经接近全致密化。将Ⅰ号粉末脱脂坯进行真空脱氧处理后，发现其烧结密度整体有了大幅度的提高，在 1 260℃烧结即可达到最大相对密度 97.90%，较Ⅱ号雾化合金粉末的最大致密化温度降低了大约 40℃，但与其最大相对密度却相差很小，可见高能球磨显著降低了材料烧结所需的温度，原因在于高能球磨使粉末的比表面积增大，表面能增加，对烧结过程提供的驱动力增大，同时产生大量的晶格畸变使系统的自由能、原子活性大大提高，从而促进烧结时的原子扩散，降低了烧结活化能。

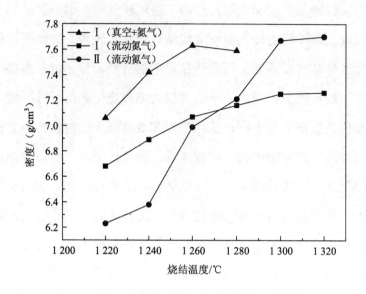

图 5-8　烧结温度与密度的关系

　　图 5-9 为两种粉末的烧结试样氮含量随烧结温度的变化曲线，可以看出，随着烧结温度的升高，烧结体氮含量成下降趋势，这种氮含量随温度的下降趋势在一些文献中已经报道[103]，但还没有人从机理上给出满意的解释。分析认为：这可能是因为随着烧结温度升高，原子运动加剧，奥氏体晶格逐渐变得不稳定，奥氏体晶格的这种失稳趋势使得氮原子越来越难在晶格间隙中稳定存在，从而导致氮的固溶度降低，烧结制品氮含量下降。从图中还可以发现同一烧结温度下的不同粉末烧结体的氮含量大致相同，这也进一步证实了当合金成分一致时，烧结体中的平衡氮浓度仅是烧结温度和氮分压的函数。由图可以确定出能获得合乎要求的氮含量的烧结温度区间为 1 260～1 300℃。

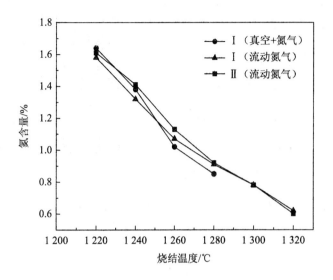

图 5-9 烧结温度与氮含量的关系

综上所述，烧结温度是一个极其重要的烧结工艺参数，提高烧结温度虽然可以明显增加烧结体密度，但同时必须考虑固溶氮原子的减少，因此最佳烧结温度的选择应使得烧结体能够获得致密度与氮含量的最佳组合。实验结果发现，Ⅰ号粉末脱脂坯采用真空脱脂+氮气烧结工艺时最佳烧结温度为1 260℃，此时烧结相对密度达到 97.90%，含氮质量分数为 1.02%，Ⅱ号粉末脱脂坯在流动氮气中最佳烧结温度为 1 300℃，此时烧结体相对密度达到98.33%，含氮质量分数为 0.78%。

5.2.4 烧结时间对烧结体密度及氮含量的影响

图 5-10 为Ⅰ号和Ⅱ号粉末的氮气脱脂坯在流动氮气中于1 300℃分别烧结30 min、60 min、90 min、120 min 和 150 min 后，烧结试样的密度随时间的变

化曲线,为了对比也列出了Ⅱ号粉末脱脂坯在1 260℃烧结时的密度变化曲线。由图可见随着烧结时间的延长,烧结体密度最初提高很快,但以后越来越慢,直到最后趋于不变,这是因为当烧结时间很短时,合金烧结不充分,颗粒骨架收缩不完全,造成基体中残存部分孔隙,合金密度较低,此时延长烧结时间可以明显提高合金密度,但当烧结时间已经足够,合金致密化过程已经完成后,再继续延长烧结时间对合金密度的提高作用有限,延长时间还会导致易挥发的Cr 和 Mn 等元素烧损加剧,给最终合金性能带来不利影响。从图中能够看出Ⅰ号和Ⅱ号粉末脱脂坯烧结 120 min 密度已接近最大值,再延长到时间密度提高不大,说明 120 min 烧结已经足够使粉末致密化过程完成。此外,对比Ⅱ号粉末脱脂坯在 1 300℃和 1 260℃烧结时的密度曲线还可以看出,当烧结温度较低时(如 1 260℃),无论如何延长烧结时间,烧结体的密度始终维持在一个很低的水平;而当烧结温度提高到 1 300℃后,延长烧结时间至 120 min 烧结体便几乎全致密,这进一步表明了烧结温度对于 0Cr17Mn11Mo3N 不锈钢烧结的重要性,其影响作用远高于烧结时间。

图 5-11 是Ⅰ号和Ⅱ号粉末的氮气脱脂坯在流动氮气中于 1 300℃烧结试样的含氮质量分数随时间的变化曲线,可见烧结体中氮含量随烧结时间的延长先下降,随后维持在一个比较恒定的水平(0.78%左右)。分析认为由于Ⅰ号和Ⅱ号粉末的氮气脱脂坯的含氮质量分数都很高,分别为 4.30%和 1.46%,都远高于此温度下氮在奥氏体中的平衡溶解度,因此在烧结时粉末会发生放氮,当烧结时间较短时(如 30 min),粉末放氮不完全,烧结体中氮含量仍较高,当烧结时间延长到 60 min 时粉末放氮充分进行,烧结体的氮含量降至接近此温度下的平衡溶解度,当到达平衡溶解度后延长烧结时间氮含量总体上不再发生变化。

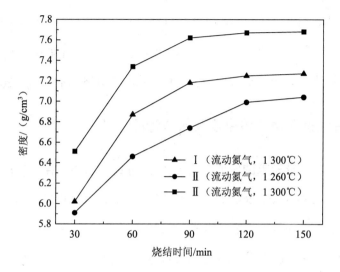

图 5-10　烧结时间与密度的关系

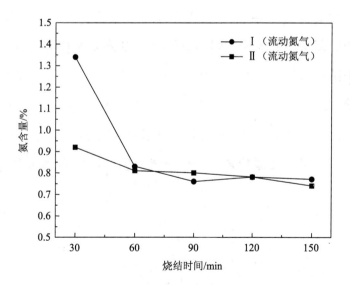

图 5-11　烧结时间与氮含量的关系

综上所述，烧结时间在 0Cr17Mn11Mo3N 不锈钢烧结过程中所起作用远不如烧结温度明显，在烧结温度足够高的情况下，烧结 120 min 已经足够使粉末致密化过程完成，并获得所需氮含量，因此确定烧结时间为 120 min。

5.2.5 烧结气氛对烧结体密度及氮含量的影响

图 5-12 为 I 号粉末的脱脂坯分别在流动氮气和 N_2+H_2 混合气（75%N_2+25%H_2）中于 1 240℃、1 260℃、1 280℃和 1 300℃温度进行 120 min 烧结后，烧结试样的密度随时间的变化曲线。可以看出在 N_2+H_2 混合气中烧结所得烧结体的密度较在纯 N_2 气氛中烧结的密度普遍要高，同一温度下相对密度前者较后者高出 1%～2%。表 5-2 出示了 I 号粉末的脱脂坯在流动氮气和 N_2+H_2 混合气中于 1 280℃烧结后的碳、氧含量，可见在纯氮气中粉末脱脂坯烧结后氧含量基本上不减少，说明粉末中的氧化物在氮气中很难被还原，这些氧化物的存在不利于粉末固相烧结阶段烧结颈的形成，阻碍原子扩散，从而妨碍烧结致密化；而在 N_2+H_2 混合气中烧结时氧含量有明显地减少，这说明烧结气氛中的 H_2 能够还原粉末颗粒表面的氧化物，形成烧结活化的金属表面，有利于烧结致密度的提高，实验中由于 N_2+H_2 混合气中 H_2 体积分数较少，所以只能还原粉末中的部分氧化物，造成烧结体中氧含量仍比较高。

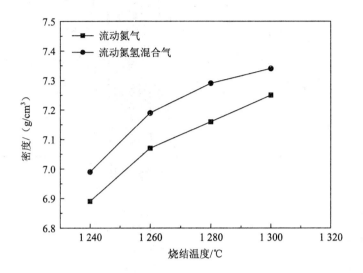

图 5-12　烧结温度与密度的关系

表 5-2　不同烧结气氛下的 C、O 含量　　　　　　　　单位：%

元素	球磨粉末	脱脂坯	N_2 烧结	N_2+H_2 烧结
C	0.08	0.24	0.11	0.09
O	1.64	1.56	1.52	1.13

图 5-13 为 I 号粉末的氮气脱脂坯分别在流动氮气和 N_2+H_2 混合气中于 1 240℃、1 260℃、1 280℃和 1 300℃温度烧结后氮含量随时间的变化曲线，对比发现在 N_2+H_2 混合气中烧结试样的氮含量均低于 N_2 气氛下烧结试样的氮含量，这是因为合金中氮的平衡浓度与氮分压密切相关，氮分压越高，则达到固态平衡状态时合金中氮的浓度也相对较高，而 N_2+H_2 混合气中的氮分压明显比纯 N_2 中低，所以最终获得的烧结样品的氮含量也相对较低。从图中还可以看出，在 N_2+H_2 混合气中 1 280℃烧结时，烧结体中含氮质量分数

由氮气中烧结的 0.91%降至 0.72%，已经达不到无镍高氮不锈钢氮含量的设计要求，烧结温度在 1 300℃时含氮质量分数更降至只有 0.61%，因此采用 N_2+H_2 混合气烧结时为了满足烧结体的高氮含量要求，H_2 的比例应尽量减少，但过少的 H_2 却对粉末中氧化物的还原作用较弱，对烧结体密度的提高帮助很小。

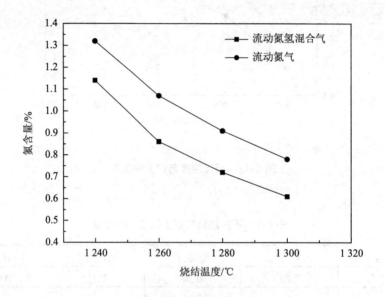

图 5-13　烧结温度与氮含量的关系

5.2.6　氮分压对烧结体密度及氮含量的影响

　　氮分压是高氮不锈钢烧结过程中一个比较重要的工艺参数，为了研究它对烧结性能的影响，实验对 I 号粉末的氮气脱脂坯在 WZS-120 管式真空炉中先进行真空脱氧，随后在 1 260℃充入不同压力的氮气烧结 120 min，得到氮分压与烧结体密度及氮含量的关系如图 5-14 所示。由图可见，随着烧结氮分压的增加，烧结体的氮含量不断提高，烧结体的致密度却成下降趋势。烧结体氮含量的提高是因为氮在奥氏体不锈钢中的平衡固溶度随氮分压的增加而提高，烧结密度降低的可能原因是：在烧结开始阶段，由于脱脂坯中粉末颗粒只是很松散地结合在一起，内部保留着开放的孔隙通道，氮气充斥于整个坯体内部孔隙中，随着烧结的进行，部分开通孔隙逐渐闭合形成密闭孔隙，将氮气封闭在其中，密闭孔隙中的氮气会阻碍孔隙的继续收缩，当氮气压力超过引起孔隙收缩的表面张力时，密闭孔隙就会停止收缩而保留在材料内部；随着烧结氮分压的增加，单位体积内的氮气浓度提高，因此闭孔中氮分子数量更多，这意味着闭孔中的氮气压力更大，使孔隙收缩的阻力加大，阻碍烧结致密化的继续进行，使材料最终致密化程度降低。

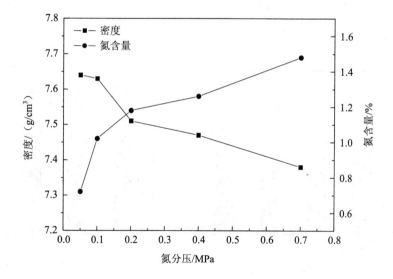

图 5-14　烧结氮分压与密度及氮含量的关系

5.2.7 脱脂气氛对烧结体密度及氮含量的影响

为了研究脱脂气氛对烧结体密度及最终氮含量的影响，实验将 I 号粉末在四种气氛即流动氮气、流动氩气、氮气+氢气混合气（75%N_2+25%H_2）及真空下的脱脂坯首先进行真空脱氧，随后在 1 260℃烧结 120 min，图 5-15（a）和图 5-15（b）分别出示了脱脂气氛对烧结体氮含量及密度的影响。从中可见，虽然四种气氛中脱脂坯的氮含量相差很大，如氮气和氮气+氢气混合气脱脂坯的含氮质量分数分别高达 4.30%和 2.96%，氩气脱脂坯和真空脱脂坯的含氮质量分数较低，分别为 0.43%和 0.28%，但是它们的最终烧结体的含氮质量分数都相差不大，均在 1.0%左右，近似等于该烧结工艺条件下氮的平衡固溶度，另外从图中还可以看出烧结密度也与脱脂气氛没有明显关系，而是主要取决于烧结条件。

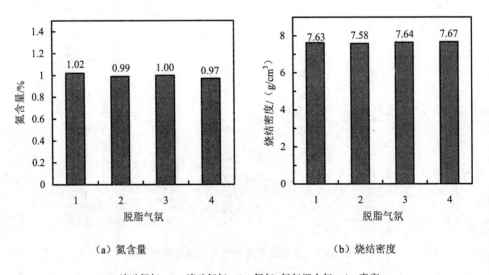

（a）氮含量 　　　　　　　　　　（b）烧结密度

1. 流动氮气；2. 流动氩气；3. 氮气+氢气混合气；4. 真空

图 5-15　脱脂气氛与氮含量及烧结密度的关系

5.3　烧结组织及性能

5.3.1　组织结构分析

图 5-16 为 I 号球磨粉末脱脂坯采用真空脱氧+氮气烧结方式在 1 260℃烧结 120 min 后烧结体的 XRD 分析结果。从图可知，烧结体由 γ 奥氏体、α 铁素体、Cr_2N 相及 $CrMn_{1.5}O_4$ 相组成，其中主要组成相为固溶有较多氮的奥氏体，α 相及 Cr_2N 相的衍射峰很弱，说明它们的体积分数较少，另外由于球磨粉末脱脂坯的氧含量较高，虽然烧结时经过真空有效脱氧处理，但仍发现有氧化物 $CrMn_{1.5}O_4$ 的存在，一般位于奥氏体晶界位置，引起不锈钢的脆性增大。高氮钢中关于 Cr_2N 相析出研究的文献报道已经较多，一般认为它是在高氮钢冷却过程中由于冷速太慢或中温时效过程中氮化物的脱溶沉淀现象。傅万堂等[104] 对 18Mn-18Cr-0.5N 奥氏体钢进行了氮化物等温析出动力学研究，指出在 950℃ 以上无氮化析出，Cr_2N 相析出动力学曲线的"鼻尖"温度为 860℃，其不析出的临界冷却速度约为 0.75℃/s；戴起勋等[23] 根据试验得到 Fe-24Mn-18Cr-3Ni-0.6N 高氮奥氏体不锈钢在 1 023～1 223 K 温度范围内时效过程中 Cr_2N 相析出的临界冷却速度为 30℃/min，其 TTP 曲线对应的最快晶间析出温度为 850℃，并根据析出相变热力学和动力学建立了 Cr_2N 析出的定量计算的数理模型，可用于高氮奥氏体钢时效 Cr_2N 析出的计算设计和预测。高氮不锈钢中的 Cr_2N 相一般优先由晶界上析出，造成不锈钢的韧性和耐蚀性下降，因此必须通过固溶处理来消除。

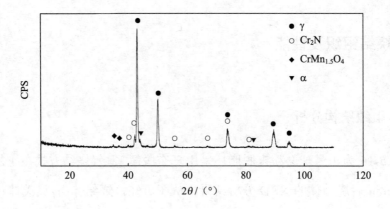

图 5-16　烧结试样的 XRD 图

图 5-17 为 I 号烧结试样的 SEM 照片及能谱 EDS 分析，从图 5-17（a）中可见其微观组织是由黑色块状和白色片层状组织构成，图 5-17（b）为白色片层状组织的高倍放大照片，其形貌类似碳钢中的珠光体组织，对黑色块状组织和白色片层状组织作能谱成分分析，结果分别如图 5-17（c）和图 5-17（d）所示。结合上面的 XRD 分析结果，可以分析出黑色块状基体组织为高氮奥氏体晶粒，而白色片层中的 Cr 含量明显高于基体，应该是片状氮伪珠光体组织，它是烧结后缓冷过程中高氮奥氏体发生伪共析转变生成的。Bannyk 等[105]指出高氮奥氏体不锈钢冷却过程中由过饱和氮的奥氏体基体（γ_1）发生不连续分解反应，生成不同成分的奥氏体（γ_2）和 Cr_2N 假珠光体岛状组织，该不连续分解反应开始于奥氏体晶粒的晶界，最后假珠光体岛状组织占据整个奥氏体晶界，限制假珠光体岛状组织的生长速率是[Cr]沿晶界的扩散。这种片状有害析出组织与基体间结合力弱，从而使钢的性能降低，因此必须通过合适的热处理工艺来消除。

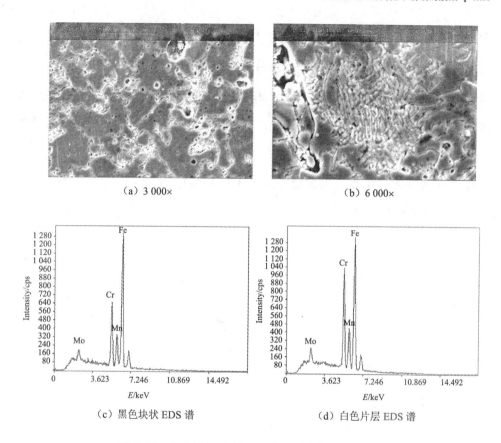

（a）3 000×   （b）6 000×

（c）黑色块状 EDS 谱   （d）白色片层 EDS 谱

图 5-17　烧结试样的 SEM 照片及对应的 EDS 能谱

　　将烧结试样进行 1 150℃×1.5 h 固溶处理后水冷淬火，其 X 射线衍射结果如图 5-18 所示，可见其相组成为单一的 γ 相，Cr_2N 及 α 铁素体已经检测不到。图 5-19 为烧结试样经固溶处理后的 SEM 形貌，其组织为单一的奥氏体晶粒，晶粒很细小，片层状的伪珠光体组织已经消失，这是因为固溶处理使 Cr_2N 在高温时溶解进入奥氏体中（一般认为 Cr_2N 相在 1 075℃完全溶解[106]），随后的快速冷却抑制了 Cr_2N 的析出。可见固溶处理对于保持氮在奥氏体中的固溶状态是至关重要的。由前面 0Cr17Mn10Mo3N 相图也可看到，由于合金试样的最终含氮质量分数为 1.02%，在烧结温度 1 260℃时处于图中的单相奥氏体区，但在完成烧结后的缓慢冷却过程中，当温度低于 1 000℃左右时即进入了奥氏体+Cr_2N 两相区，从而析出脆性的 Cr_2N 相，为获得理想中的全奥氏体组织，必须辅以某一温度的固溶退火并随后快速冷却。结合相图分析可知，对于含氮质量分数＞0.6%烧结试样在 1 100～1 200℃温度区间内进行固溶处理并快速水冷将可得到全奥氏体组织，本试验采用了 1 150℃×1.5 h 固溶处理后水冷，得到了预期的全奥氏体组织。

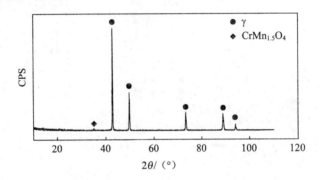

图 5-18　烧结试样固溶处理后的 XRD 图

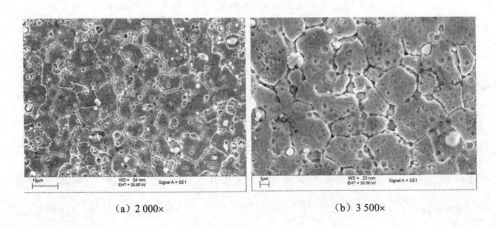

（a）2 000×　　　　　　　　　　　（b）3 500×

图 5-19　烧结试样固溶处理后的 SEM 照片

图 5-20（a）、（b）分别为 I 号球磨粉末在 1 260℃（致密度为 97.90%）及 II 号雾化合金粉在 1 300℃（致密度为 98.33%）的烧结试样经固溶处理后的金相照片，可见两者的组织形貌都为奥氏体，但比较起来晶粒大小相差很大，球磨粉末试样的奥氏体晶粒非常细小，大约只有 10～15 μm，而雾化粉末试样的奥氏体晶粒则大得多，大多数在 60～80 μm，由此可见高能球磨由于显著细化粉末的晶粒和颗粒，获得纳米晶粉末，并且可以进一步降低烧结致密化温度，因而也显著细化了烧结体的组织，显然这种烧结体的组织细化有助于提高材料的性能。但通过比较也可以发现，球磨粉末烧结试样中由于存在一定的 $CrMn_{1.5}O_4$ 氧化物，而这些氧化物主要存在于晶界附近，因而在侵蚀时氧化物优先侵蚀在晶界上形成较大的坑，使奥氏体晶粒显得较不完整；而雾化合金粉的烧结试样由于氧含量较低（0.24%），氧化物夹杂明显较少，奥氏体晶粒比较完整，且内部形成很多孪晶。

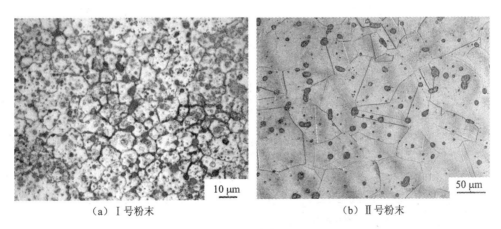

（a）I 号粉末　　　　　　　　　　　　（b）II 号粉末

图 5-20　粉末烧结试样固溶处理后的金相照片

5.3.2　拉伸力学性能及断口分析

0Cr17Mn11Mo3N 不锈钢在不同烧结条件下烧结并经过 1 150℃固溶处理后的各试样的拉伸力学性能如表 5-3 所示，其中对于材料屈服强度（$\sigma_{0.2}$）、抗拉强度（σ_b）、延伸率（δ_5）、断面收缩率（Φ）以及维氏硬度（HV_{10}）均是取五个试样的测试平均值。

表 5-3　无镍高氮 0Cr17Mn11Mo3N 合金的拉伸力学性能

合金	烧结条件	相对密度/%	氮含量/%	$\sigma_{0.2}$/MPa	σ_b/MPa	δ_5/%	Φ/%	HV_{10}
I	1 220℃×120 min 真空+氮气	90.46	1.64	421	654	4.4	7.2	337
	1 240℃×120 min 真空+氮气	95.12	1.38	518	864	8.2	13.8	325
	1 260℃×120 min 真空+氮气	97.90	1.02	627	965	11.3	16.7	312
	1 280℃×120 min 真空+氮气	97.38	0.85	598	912	10.7	17.8	296
	1 260℃×120 min 0.7MPa 氮气	94.67	1.48	620	930	3.8	7.7	338
	1 280℃×120 min 流动氮气	91.87	0.91	524	730	4.6	5.9	316
	1 300℃×60 min 流动氮气	88.07	0.84	—	416	—	—	302
	1 300℃×120 min 流动氮气	93.0	0.78	493	705	5.2	8.4	284

合金	烧结条件	相对密度/ %	氮含量/ %	$\sigma_{0.2}$/ MPa	σ_b/ MPa	δ_5/ %	Φ/ %	HV_{10}
Ⅱ	1 240℃×120 min 流动氮气	81.8	1.41	—	432	—	—	251
	1 260℃×120 min 流动氮气	89.62	1.13	—	478	3.6	6.1	221
	1 280℃×120 min 流动氮气	92.48	0.92	510	702	7.8	9.3	235
	1 300℃×120 min 流动氮气	98.33	0.78	580	885	26.0	29.1	222
	1 320℃×120 min 流动氮气	98.72	0.60	590	825	18.0	24.0	211
	1 250℃×120 min 真空	97.4	0.03	475	564	14.2	22.2	135
P.A.N.A.C.E.A[58]	1 260℃×120 min 氮、氢混合气	96	0.90	610	960	35	42	300

从表中可以看出，对于Ⅰ号球磨粉末而言，采用真空脱氧+氮气烧结方式比在流动氮气中烧结能够获得更高的烧结密度，因而强度和韧性指标显著提高，实验发现采用真空脱氧+氮气烧结方式在 1 260℃烧结 120 min 随后在 1 150℃固溶处理所得试样强度和韧性综合性能最好，此时材料的致密度达到 97.90%，氮含量为 1.02%，其$\sigma_{0.2}$、σ_b、δ_5、Φ及 HV_{10}分别高达 627 MPa、965 MPa、11.3%、16.7%、312，其中强度和硬度指标已经达到国际上报道的同类材料 P.A.N.A.C.E.A 合金的先进水平；对于Ⅱ号雾化合金粉，在流动氮气中 1 300℃烧结 120 min 后在 1 150℃固溶处理所得试样具有最佳的拉伸力学性能，此时材料的致密度达到 98.33%，氮含量为 0.78%，其$\sigma_{0.2}$、σ_b、δ_5、Φ及 HV_{10}分别高达 580 MPa、885 MPa、26.0%、29.1%、222。

从表中还可以看出，与真空烧结的不含氮的 0Cr17Mn11Mo3 合金相比，高氮 0Cr17Mn11Mo3N 合金的强度与硬度指标大大提高，这显然是由于氮的强化作用，钢中固溶氮至少在四个方面对强化起积极作用：固溶强化，晶粒细化强化，加工硬化和应变时效[107]，因而氮的大量加入可使奥氏体不锈钢达到非常高的强度，这为制备高强高韧奥氏体不锈钢提供了途径。

图 5-21 为在 I 号和 II 号试样在不同温度烧结 120 min 后在 1 150℃固溶处理后材料的抗拉强度与烧结温度的关系曲线，从中可以看出，I 号和 II 号试样的抗拉强度都是随着烧结温度的上升先提高，当达到最大值后开始降低，这是因为 0Cr17Mn11Mo3N 合金的抗拉强度不但受到氮含量的影响，还受到材料的烧结密度及氮的存在形式的影响，是一个多重因素综合作用的结果。烧结温度低时材料致密度较低，氮含量却很高，此时对抗拉强度的起主要作用的是烧结致密度，而且此时的氮含量过高即使经过固溶处理也主要以氮化物的形式存在，所以不锈钢的强韧性能很低；随着烧结温度的上升，烧结试样致密度的不断提高引起抗拉强度增加，而以固溶形式存在的氮其含量降低则引起抗拉强度下降，但此时前者对抗拉强度所起的增加作用要大于后者所起的降低作用，因而总体上试样抗拉强度还是不断提高的，在某一温度烧结试样致密度和氮含量达到最佳组合时，材料能获得最好的抗拉强度；当烧结温度较高，烧结致密度已经足够高的情况下，影响材料性能的主要因素转为氮含量的高低，此时温度继续提高，材料致密度变化不大，但是氮含量却有较大降低，这使得材料的抗强拉强度下降。从图中还可以看出，在致密度相差不大的情况下，I 号试样的抗拉强度明显高于 II 号，这是由于球磨粉末烧结体的晶粒更细小和球磨降低烧结致密化温度使得试样氮含量更高的原因。图 5-22 为 I 号和 II 号试样在不同温度烧结延伸率与温度的关系曲线，其规律与上面的抗拉强度曲线类似，

也是致密度与氮含量的综合作用结果，从图中还发现 Ⅱ 号试样的延伸率高于 Ⅰ 号，这是因为球磨粉末烧结试样中存在一定氧化物从而引起不锈钢的塑性降低。

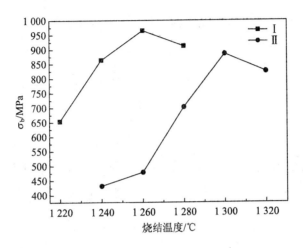

图 5-21　抗拉强度与烧结温度的关系

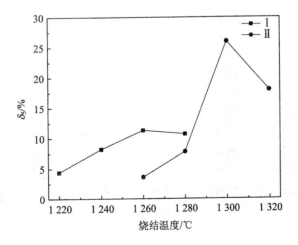

图 5-22　延伸率与烧结温度的关系

实验对 Ⅰ 号粉末在 1 260℃试样固溶处理前后的拉伸力学性能进行了比较，其结果如图 5-23 所示，从图中可以看出，固溶处理前除了硬度之外，材料的屈服强度、抗拉强度、延伸率及断面收缩率各项力学性能均比较低，而通过在 1 150℃固溶退火以后水淬冷却，材料的强韧性能全面提高。原因在于固溶处理前的 0Cr17Mn11Mo3N 合金材料由于晶界等位置析出了较多脆性的 Cr_2N 相，增大了材料脆性断裂倾向，因此其屈服强度、抗拉强度、延伸率及断面收缩率各项力学性能相对较低；而通过 1 150℃固溶处理以后，材料中的氮化物重新溶解进入基体晶格中并均匀分布，通过水淬快速冷却，晶格中的氮来不及形成氮化物而在基体晶格中被保持下来，材料的强韧性能全面提高，抗拉强度约为固溶处理前的 1.2 倍，延伸率为固溶处理前的 1.7 倍，固溶处理后由于基体中 Cr_2N 等硬脆氮化物的溶解消失，使材料的硬度有所降低。

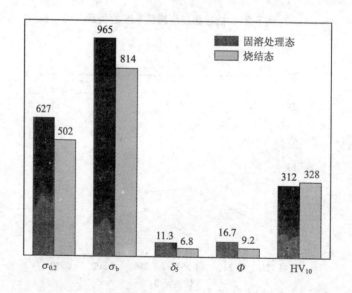

图 5-23　固溶处理前后试样的力学性能对比

图 5-24 为Ⅰ号粉末采用真空脱氧+氮气方式在 1 220℃和 1 260℃烧结并经过固溶处理后的拉伸断口照片，可见在 1 220℃烧结时由于烧结温度较低，粉末颗粒烧结颈扩散不很充分还存在一些较大的孔隙，试样断裂时主要沿着这些孔隙和颗粒表面进行；而在 1 260℃烧结时试样密度较高，烧结断口中已经看不到大的孔隙，整个断口内部组织均匀致密。图 5-25 为Ⅰ号和Ⅱ号粉末的致密烧结体固溶处理后的断口 SEM 照片，由图可见Ⅰ号试样的断口组织非常细小，由大量的微小塑坑和少量的较大塑坑组成，小塑坑在断面上大面积地呈网状连接，尺寸很小，大约在 0.1～1 μm，许多小塑坑内都夹杂着一个白色的圆形颗粒，对颗粒进行能谱分析其化学成分为 61.89%O、8.47%Cr、16.51%Mn、6.90%Si、3.01%Al 和 3.22%Ca，可见颗粒的氧含量很高，还含有一定的铬、锰等元素，说明它们应该是铬、锰的氧化物，白颗粒的存在也证实了虽然经过真空有效还原，但烧结试样中仍然较多的氧化物，因而拉伸时在氧化物存在的区域形成了小塑坑，而在氧化物被还原而消失的区域则形成了较大塑坑。Ⅰ号烧结试样虽然具有拉伸延性断裂的形貌，但实际上它在拉伸时首先在氧化物颗粒与金属基体的界面上产生裂纹，断裂后形成了许多内部包有氧化物颗粒的小塑坑，这些颗粒的尺寸很小且弥散分布导致材料明显硬化，但较高的体积分数造成了裂纹扩展所需的能量下降，因此实验中Ⅰ号烧结试样的塑性都较差，最高延伸率只有 11.3%。Ⅱ号试样的断口其微观形貌主要由一系列韧窝和撕裂棱组成，这些韧窝在断口上大面积地呈网状相连，韧窝比较大而深，且属于层层剥落的撕裂型韧窝，显示了其断裂特征为韧窝延性断裂。延性特征的断口的形成可以合理地按下述三个相继的阶段来说明：在沉淀相或夹杂物与金属的界面上产生裂纹；由这些初始裂纹形成沿拉伸方向的空洞；空洞连接导致断裂。与Ⅰ号试样相比，Ⅱ号试样由于氧化

物和夹杂较少，减少了裂纹的萌生，因而具有更好的塑性，其最高延伸率可达到26%。

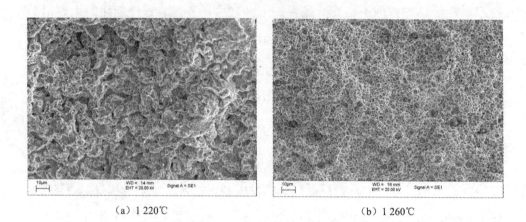

（a）1 220℃ （b）1 260℃

图 5-24 不同烧结温度下Ⅰ号试样的断口形貌

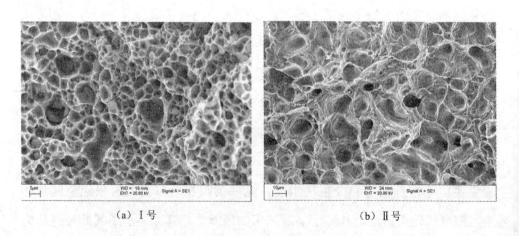

（a）Ⅰ号 （b）Ⅱ号

图 5-25 Ⅰ号及Ⅱ号试样的断口形貌

5.3.3　耐腐蚀性能

无镍高氮奥氏体不锈钢主要用作医用不锈钢材料，医用不锈钢在人体生理环境下的腐蚀包括均匀腐蚀、点蚀、电偶腐蚀、磨蚀、腐蚀疲劳等，对于医用奥氏体不锈钢植入体而言发生点蚀的可能性最大，点蚀一旦发生就有可能直接导致植入体的失效，因此高氮不锈钢的抗点蚀性能是其最重要的耐腐蚀性能之一。本实验采用电化学阳极极化法测定了制备的 0Cr17Mn11Mo3N 不锈钢试样的极化曲线，并与铸造的 316L 不锈钢进行比较，以评价其耐点蚀性能。

实验过程：将试样线切割成 10 mm×10 mm×5 mm 的方片，在其中 10 mm×10 mm 的一个表面锡焊引出导线，然后使用环氧树脂镶嵌，使试样最终工作面积为 1 cm²。环氧树脂和样品接触面不允许有缝隙，镶嵌后的试样预磨至 1 200 号水砂纸，然后浸于 3.5%NaCl 溶液中，试验温度为 30℃±1℃。测量前向溶液中通入高纯氮气半小时以上以除去氧，试验过程中继续保持对溶液连续通气。从 –0.6 V 开始，以电位扫描速度 1 mV/s 的动电位进行阳极极化。

图 5-26 出示了 I 号粉末和 II 号粉末在前述的最佳烧结工艺条件下获得的致密烧结体经 1 150℃固溶处理后在 3.5%NaCl 溶液中的阳极极化曲线，并将它们与铸造 316L 不锈钢的极化曲线进行了对比。由图可见，本试验制备的 0Cr17Mn11Mo3N 无镍高氮奥氏体不锈钢具有典型的活化-钝化金属极化曲线的特征，试验数据列在表 5-4 内，表中 E_{corr}，E_p，I_{corr} 分别代表自腐蚀电位，点蚀电位，自腐蚀电流密度。从表中可以看出，II 号试样自腐蚀电位与铸造 316L 不锈钢大致相同，I 号试样的自腐蚀电位稍低，三种样品自腐蚀电流密度相当，说明钝化前（腐蚀前期）三者的腐蚀程度和腐蚀速度相差不大，均发生全面腐

蚀；但在钝化区，可以明显看到Ⅰ号和Ⅱ号无镍高氮奥氏体不锈钢试样的点蚀电位 E_p 值远高于铸造 316L 不锈钢的 E_p 值（0.67 V），分别达到 1.29 V 和 1.01 V，因此无镍高氮奥氏体不锈钢比 316L 不锈钢具有更加优异的耐蚀性能，尤其是耐点蚀性能。此外，从图中还可以看出Ⅰ号试样比Ⅱ号试样具有更宽的钝化区间和更高的点蚀点位，说明在最佳烧结条件下球磨粉末烧结试样的抗点蚀能力要比气雾化粉末烧结试样更强。

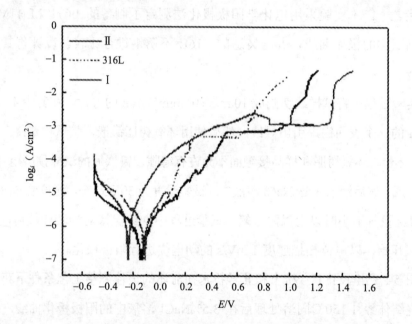

图 5-26　无镍高氮奥氏体不锈钢和 316L 不锈钢在 3.5%NaCl 溶液中的阳极极化曲线

表 5-4　无镍高氮奥氏体不锈钢和 316L 不锈钢在 3.5%NaCl 中的阳极极化参数

合金	自腐蚀电位/V	点蚀电位/V	自腐蚀电流密度/（A/cm²）
Ⅰ	−0.24	1.29	8.8×10^{-8}
Ⅱ	−0.14	1.01	9.8×10^{-8}
316L	−0.11	0.67	9.9×10^{-8}

　　高氮不锈钢这种优良的耐点蚀性能显然与钢中的高氮含量有关，大量研究表明氮能显著提高不锈钢的耐点蚀性能，不锈钢的抗点蚀能力随着氮含量的提高而显著提高，这可用耐点蚀当量公式（PRE）[108]来说明：

$$PRE = 1\%Cr + 3.3\%Mo + x\%N \qquad (5\text{-}1)$$

　　式中 x 取值在 13～30。Speidel 报道[109]当 x 的值取为 30 时，与氮合金化的奥氏体钢（其中氮含量在大范围变化）实验数据可以做到很好的吻合。上述计算公式中氮的系数要远高于铬、钼，也说明了氮对不锈钢抗点蚀能力的重要性。根据材料的化学成分可以计算出 Ⅰ 号试样 PRE 值为 57.5，Ⅱ 号试样为 50.3，而铸造 316L 不锈钢 PRE 值只有 23.6，这直观地反映了三种试样耐点蚀性能的差异。

　　图 5-27 出示了 Ⅱ 号粉末在流动氮气中不同温度下烧结并经过 1 150℃固溶处理后在 3.5%NaCl 溶液中的阳极极化曲线，从图中可以看出，随着烧结温度的提高，虽然烧结密度显著提高，但不锈钢的点蚀点位 E_p 值却不断降低，其钝化区间也逐渐上移，维持钝化电流密度提高，抗点蚀能力下降。这说明无镍高氮不锈钢的耐点蚀性能主要是受氮含量影响，低温烧结时试样虽然致密度较低，但具有较高的氮含量，其耐点蚀性能高；高温烧结虽然可降低试样的孔隙度，低孔隙减小了与溶液介质反应的溶解表面，从而有利于耐腐蚀的提高，但孔隙度的减少对抗点蚀性能所起的贡献要远小于由于氮含量的急剧减少而造成的耐蚀性能的降低，因此总体上不锈钢的耐点蚀能力反而下降。

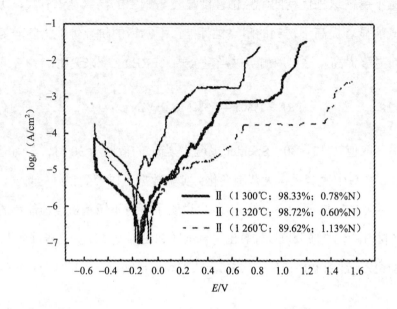

图 5-27　不同烧结温度下无镍高氮奥氏体不锈钢在 3.5%NaCl 中的阳极极化曲线

　　固溶处理对 0Cr17Mn11Mo3N 无镍高氮不锈钢耐点蚀性能也有着显著影响。图 5-28 出示了 I 号粉末烧结试样固溶处理前后在 3.5%NaCl 溶液中的阳极极化曲线，由图可见，固溶处理后的高氮不锈钢试样其点蚀电位较未固溶处理的试样明显提高，原因在于未固溶处理的烧结试样中存在一定的 Cr_2N 沉淀相，且 Cr_2N 主要在奥氏体晶界析出，一方面 Cr_2N 造成不锈钢晶粒内部和晶界铬和氮的贫化，降低了表面膜的钝化能力，另一方面 Cr_2N 本身作为氮化物夹杂在晶界析出，容易成为点蚀的起始点，从而造成不锈钢抗点蚀能力明显下降。

　　综上可知，采用 I 号和 II 号粉末在最佳工艺条件下烧结并经过固溶处理后的两种 0Cr17Mn11Mo3N 无镍高氮不锈钢试样的耐点蚀性能均比铸造 316L

不锈钢更加优异，其中Ⅰ号试样比Ⅱ号试样耐蚀性更佳，原因在于高能球磨显著降低粉末的烧结致密化温度，与Ⅱ号试样相比，在烧结致密度大致相当的情况下，Ⅰ号试样由于烧结温度低其氮含量更高，因而其耐点蚀性能更好。

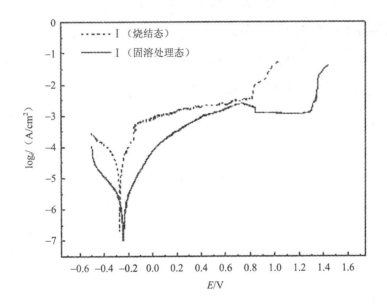

图 5-28　无镍高氮奥氏体不锈钢烧结体固溶处理前后在 3.5%NaCl 中的阳极极化曲线

5.4　烧结制品的尺寸精度及耐蚀性

粉末注射成形（PIM）制品烧结过程中一般产生 15%～20%的线收缩，尺寸变化很大，烧结过程中碳、氧、氮含量均发生显著变化，一些高蒸汽压的金属如铬、铜等可能损失。这些化学成分、温度和密度的变化对最终零件尺寸和尺寸精度影响很大，因此 PIM 制品尺寸精度的控制就变得尤其重要，它成为衡量粉末注射成形成功与否的一个很重要的指标[110]。PIM 制品的尺寸精度控制是一个涉及模具设计、原材料、混炼、注射成形、脱脂、烧结各个环节的复杂问题。在 PIM 技术发展的早期，制品的变形和尺寸精度不高曾一度成为制约 PIM 技术工业化进程的关键因素，近年来通过对 PIM 各工艺环节的研究和控制，PIM 制品的尺寸精度不断提高，从目前的工业生产状况来看，典型的 PIM 制品的一般尺寸精度为±0.3%，而传统的粉末冶金制品尺寸精度为±0.1%，采用机加工甚至可以达到更高[111]。因此，能否改变目前注射成形制品尺寸较低的现状，实现高精度注射成形（烧结制品的尺寸精度达到±0.1%～0.3%）将直接影响其产业化的进程。

图 5-29 是采用 I 号球磨粉末注射坯在前述最佳烧结条件下制备的一种滚珠丝杠反向器零件，从图中可见这些零件制品收缩均匀、未发生明显变形，保形性良好，表面光洁。

利用统计学方法，从大量的烧结制品中随机取样 20 个，分别测量其长度方向和宽度方向的实际尺寸，并将它们与反向器零件要求的长度和宽度公称尺寸相比较，计算了烧结制品的最大尺寸偏差及其尺寸精度，其结果如表 5-5 所示。从表中可以看出，烧结制品长度方向的最大尺寸偏差为 0.03 mm，尺寸精度为±0.13%；而宽度方向的最大尺寸偏差为 0.02 mm，尺寸精度为±0.15%，两者均高于工业上对 PIM 制品±0.3%的精度要求，这充分表明采用 I 号球磨粉末进行注射成形完全能够获得具有较高的尺寸精度和良好保形性，满足工业化生产要求的复杂零件制品。

图 5-29 球磨粉末制备的滚珠丝杠反向器

表 5-5 烧结制品的尺寸及其精度

试样标号	长度		宽度	
	实际尺寸/mm	偏差/mm	实际尺寸/mm	偏差/mm
1	23.87	+0.02	11.91	+0.01
2	23.86	+0.01	11.89	−0.01
3	23.84	−0.01	11.90	0
4	23.85	0	11.91	+0.01
5	23.88	+0.03	11.92	+0.02
6	23.83	−0.02	11.88	−0.02
7	23.86	+0.01	11.89	−0.01
8	23.87	+0.02	11.91	+0.01
9	23.86	+0.01	11.90	0
10	23.84	−0.01	11.89	−0.01
11	23.86	+0.01	11.91	+0.01
12	23.85	0	11.92	+0.02
13	23.88	+0.03	11.91	+0.01
14	23.86	+0.01	11.90	0
15	23.85	0	11.89	−0.01
16	23.84	−0.01	11.91	+0.01
17	23.83	−0.02	11.89	−0.01

试样标号	长度		宽度	
	实际尺寸/mm	偏差/mm	实际尺寸/mm	偏差/mm
18	23.86	+0.01	11.88	−0.02
19	23.86	+0.01	11.90	0
20	23.87	+0.02	11.92	+0.02
公称尺寸	23.85	—	11.90	—
最大偏差	—	0.03	—	0.02
尺寸公差	±0.13%		±0.15%	

实验对Ⅰ号球磨粉末制备的 0Cr17Mn11Mo3N 不锈钢反向器零件与目前工业上使用的雾化 17-4PH 不锈钢粉末制备的反向器零件进行点腐蚀浸泡实验，以比较两者的耐点蚀性能。具体方法为：将两种零件的下底面用砂纸打磨至 800#，然后浸泡在 6%FeCl₃ 溶液中，试验温度为 35℃±1℃，时间为 1～24 h。图 5-30 是两种零件在 6%FeCl₃ 溶液中浸泡不同时间后表面腐蚀形貌照片，其中图 5-30（a）是浸泡 10 h 的腐蚀形貌照片，从图中可以看出 17-4PH 不锈钢反向器零件发生了严重点蚀，表面形成了许多较大的点蚀坑，部分点蚀坑相互连接导致局部钝化膜脱落，这是由于 FeCl₃ 溶液属于强氧化性的氯化物介质，其中的侵蚀性氯离子使不锈钢的钝化膜局部活化，而其中的氧化剂 Fe^{3+} 以其高的氧化还原电位促使材料发生点蚀，而与之相反 0Cr17Mn11Mo3N 不锈钢反向器零件表面则未发生任何点蚀；图 5-30（b）是两种零件在 6%FeCl₃ 溶液中浸泡 24 h 的腐蚀形貌照片，可见此时 17-4PH 不锈钢反向器零件表面钝化膜已经完全破坏，许多点蚀坑的过度发展已经形成了整体腐蚀且达到了一定的腐蚀深度，而此时 0Cr17Mn11Mo3N 不锈钢反向器零件表面仍没有任何点蚀的发生。由此可知，用Ⅰ号球磨粉末制备的 0Cr17Mn11Mo3N 不锈钢反向器零件由于具有很高的氮含量（1.02%），其耐点蚀能力远比 17-4PH 不锈钢反向器零件优异，这对提

高零件在服役条件下的使用寿命具有十分重要的意义。

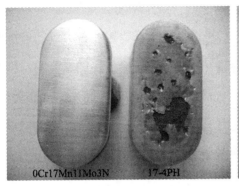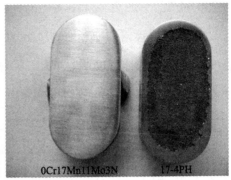

（a）10 h　　　　　　　　　　　　（b）24 h

图 5-30　不锈钢零件在 6%FeCl$_3$ 溶液中浸泡不同时间后的腐蚀表面形貌

5.5　本章小结

① 根据 Thermal-calc 软件模拟出的 0Cr17Mn10Mo3N 合金的平衡相图制定了无镍高氮不锈钢的烧结制度，为了确保烧结过程中不出现液相，同时获得高的烧结密度和合适的氮含量，试验选取的烧结温度范围为 1 220～1 320℃，并采用氮基烧结气氛来保证烧结后获得高氮含量。

② 粉末球磨时间对烧结密度有一定的影响，随球磨时间的延长，烧结密度先上升后下降，研究发现球磨 48 h 粉末具有最高的烧结密度；不同的烧结方式对烧结密度影响较大，球磨 48 h 粉末脱脂坯中存在较多氧化物，氧含量为 1.56%，在流动氮气中烧结不能得到有效还原致使烧结密度较低；采用在 1 150℃×30 min 真空脱氧处理后在氮气中烧结，由于高真空下粉末脱脂坯中的

残余碳能有效还原粉末表面的 Cr_2O_3 和 MnO 等氧化物，使烧结体中氧含量降低至 0.64%，形成更多烧结活化的金属表面，使烧结密度大幅度提高。

③ 烧结温度对 0Cr17Mn11Mo3N 不锈钢的烧结行为影响很大，随着烧结温度的提高烧结体密度明显增加，氮含量却不断降低，最佳烧结温度的选择应使得烧结体能够获得高致密度与适宜氮含量的最佳组合，对于球磨粉末确定其最佳烧结温度为 1 260℃，对于雾化合金粉末最佳烧结温度为 1 300℃。与雾化合金粉末相比，球磨粉末的最大致密化温度降低了大约 40℃，但两者的致密度相差很小，可见高能球磨显著降低了材料烧结所需的温度。

④ 烧结时间对烧结密度和氮含量作用不明显，在烧结温度足够高的情况下，烧结 120 min 已经足够使粉末致密化过程完成；烧结气氛对材料烧结密度及氮含量有一定的影响，在氮氢混合气（75%N_2+25%H_2）下烧结时，由于 H_2 的还原作用试样的烧结密度高于氮气氛下的烧结密度，但氮分压的降低使得其氮含量低于氮气氛下的烧结试样；氮分压是一个比较重要的工艺参数，随着烧结氮分压的增加，烧结体的氮含量显著提高，烧结体的致密度却成下降趋势；烧结密度和氮含量主要取决于烧结条件，与脱脂气氛没有明显关系。

⑤ 烧结体中氮含量仅仅受到烧结温度及氮分压的影响，与其他烧结因素关系很小，当烧结过程中采用的烧结温度和氮分压一定时，烧结体中的最终氮含量总是趋近一个定值，即该烧结条件下氮在奥氏体中的平衡溶解度。

⑥ 球磨粉末最佳烧结工艺为真空脱氧（1 150℃×30 min）+氮气烧结（1 260℃×120 min），其相对密度达到 97.90%，氮含量为 1.02%，拉伸试样的 $\sigma_{0.2}$、σ_b、δ_5、Φ 及 HV_{10} 分别高达 627MPa、965MPa、11.3%、16.7%、312，其中强度和硬度指标已经达到国际上报道的同类材料 P.A.N.A.C.E.A.合金的先进水平，在 3.5%NaCl 溶液中具有典型的活化-钝化金属极化曲线的特征，点

蚀电位高达 1.29 V；雾化粉末最佳烧结工艺为流动氮气中 1 300℃烧结 120 min，相对密度达到 98.33%，氮含量为 0.78%。拉伸试样$\sigma_{0.2}$、σ_b、δ_5、Φ 及 HV_{10} 分别为 580 MPa、885 MPa、26.0%、29.1%、222，点蚀电位达到 1.01 V。由于球磨粉末的烧结试样比雾化粉末试样具有更高的力学性能和更强的抗点蚀能力，因此采用廉价的球磨粉末替代成本较高的雾化粉末来制备高性能的无镍高氮不锈钢是可行的。

⑦ 固溶处理对 0Cr17Mn11Mo3N 无镍高氮不锈钢的力学和耐蚀性能有着显著影响，粉末烧结体由大量的γ奥氏体、少量的α铁素体、Cr_2N 及 $CrMn_{1.5}O_4$ 相组成，Cr_2N 相析出会造成不锈钢的韧性和耐蚀性下降，通过 1 150℃×1.5 h 固溶处理后水冷，Cr_2N 相完全消除，试样形成均一的全奥氏体组织，材料的强韧性能全面提高，点蚀电位也明显提高。

⑧ 采用球磨粉末进行注射成形，在最佳烧结条件下制备出了具有较高尺寸精度和良好保形性的 0Cr17Mn11Mo3N 不锈钢滚珠丝杠反向器零件制品，制品的尺寸精度可达到 ±0.15%，高于工业上对 PIM 制品±0.3%的精度要求，在 6%$FeCl_3$溶液中制品的耐点蚀能力远比常用的注射成形 17-4PH 不锈钢反向器零件优异，这对提高零件在服役条件下的使用寿命具有十分重要的意义。

第 6 章　无镍高氮不锈钢粉末的放电等离子烧结

　　放电等离子烧结技术（SPS）是近年来发展起来的一种新型的快速烧结技术，它是在加压粉体粒子间直接通入脉冲电流，由火花放电瞬间产生的等离子体进行加热，利用热效应、场效应等在低温进行短时间烧结的新技术[112]。在 SPS 烧结过程中，直流脉冲电流通过粉末颗粒时瞬间产生的放电等离子体，使烧结体内部各个颗粒均匀地自身产生焦耳热并使颗粒表面活化。SPS 这种放电直接加热法，热效率极高，放电点的弥散分布能够实现均匀加热，因而容易制备出均质、致密、高质量的烧结体。除加热和加压这两个促进烧结的因素外，在 SPS 烧结时颗粒间的有效放电可产生局部高温，可以使表面局部熔化、表面物质剥落；高温等离子的溅射和放电冲击清除了粉末颗粒表面杂质（如去除表层氧化物等）和吸附的气体，电场的作用是加快扩散过程。

　　实验对制备的无镍高氮不锈钢粉末进行了 SPS 烧结，以期利用 SPS 快速烧结和冷却的特点防止氮的损失，以获得高密度、高氮含量、晶粒细小的高氮不锈钢材料，并进一步考察烧结温度和球磨时间对烧结性能的影响。

6.1　SPS 系统的结构及其烧结原理

SPS 装置主要包括以下几个部分：轴向压力装置；水冷冲头电极；真空腔体；气氛控制系统（真空、氩气）；直流脉冲电源及冷却水、位移测量、温度测量和安全等控制单元，其基本结构如图 6-1 所示[113]。

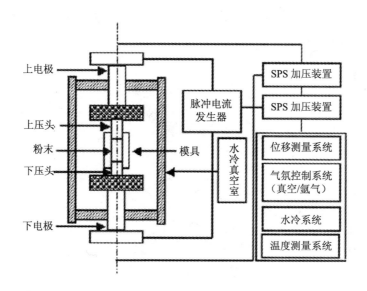

图 6-1　放电等离子烧结系统

SPS 作为一种新颖而有效的快速烧结技术，已应用于各种材料的研制和开发，但 SPS 的烧结机理目前还没有达成较为统一的认识。一般认为：SPS 过程除具有热压烧结的焦耳热和加压造成的塑性变形促进烧结过程外，还在粉末颗粒间产生直流脉冲电压，并有效利用了粉体颗粒间放电产生的自发热作用。SPS 的烧结有两个非常重要的步骤，首先由特殊电源产生的直流脉冲电压，在粉体的空隙产生放电等离子，由放电产生的高能粒子撞击颗粒间的接触部分，使物质产生蒸发作用而起到净化和活化作用，电能储存在颗粒团的介电层中，介电层发生间歇式快放电，如图 6-2 所示[114]。等离子体的产生可以净化金属颗粒表面，提高烧结活性，降低金属原子的扩散自由能，有助于加速原子的扩散。当脉冲电压达到一定值时，粉体间的绝缘层被击穿而放电，使粉体颗粒产生自发热，进而使其高速升温。粉体颗粒高速升温后，晶粒间结合处通过扩散迅速冷却，电场的作用因离子高速迁移而高速扩散，通过重复施加开关电压，放电点在压实颗粒间移动而布满整个粉体。

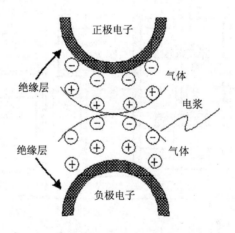

图 6-2　放电过程中粉末粒子对的模型

SPS 与热压（HP）烧结有相似之处，但加热方式完全不同，它是利用直流脉冲电流直接通电烧结的加压烧结方法，通过调节脉冲直流电的大小控制升温速率和烧结温度。整个烧结过程可在真空环境下进行，也可在保护气氛中进行。烧结过程中，脉冲电流直接通过上下压头和烧结粉体或石墨模具，因此加热系统的热容很小，升温和传热速度快，从而使快速升温烧结成为可能，SPS

系统可用于短时间、低温、高压（500~1 000 MPa）烧结，也可用于低压（20~30 MPa）、高温（1 000~2 000℃）烧结，因此广泛应用于金属、陶瓷和各种复合材料的烧结，包括一些用通常方法难以烧结的材料，如表面容易生成硬的氧化层的金属钛和铝用 SPS 技术可在短时间内烧结到 95%~100%致密度。

6.2　SPS 烧结工艺

将第 2 章中高能球磨 48 h 和 60 h，含氮质量分数分别为 1.12%和 1.32%的无镍高氮不锈钢粉末于 800℃，1 000℃及 1 100℃在 SPS-1050 型放电等离子电火花烧结机上烧结成型。烧结前抽真空，真空度为 10 Pa，烧结工艺如图 6-3 所示，烧结压力为 50 MPa，保温时间为 420 s，烧结完成后设备断电试样在炉内冷却至 200℃，再放入空气中自然冷至室温，烧结后的试样为直径 Φ20 mm 的圆柱体，高度为 5~6 mm。

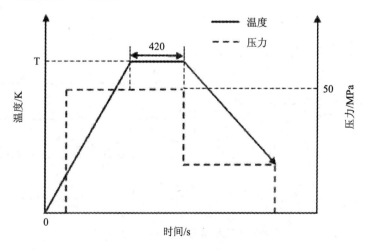

图 6-3　SPS 烧结工艺曲线

6.3 实验结果与讨论

6.3.1 不同烧结温度的 XRD 分析

图 6-4 为球磨 48 h 和 60 h 的粉末在 800℃，1 000℃及 1 100℃进行 SPS 烧结后的 XRD 相分析结果，从图中可以看出，这两种球磨粉末烧结体的相组成随烧结温度的提高其演变规律是相似的，在 800℃烧结时烧结体由γ和 Cr_2N 两相组成；随着烧结温度的提高，Cr_2N 相逐渐减少，γ相增多，到 1 000℃时烧结体已经全部是γ相组成；温度提高到 1 100℃，Cr_2N 相已经消失不见，烧结体析出了α相，此时烧结体是γ和α的两相组织。因此对于两种球磨粉末而言，在 1 000℃时烧结都可获得全奥氏体组织。

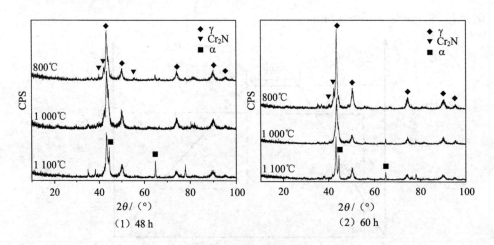

（1）48 h　　　　　　　　（2）60 h

图 6-4　不同 SPS 烧结温度的 XRD 图

6.3.2　烧结温度、球磨时间对烧结性能影响

表 6-1 出示了两种球磨粉末在 800℃，1 000℃及 1 100℃进行 SPS 烧结后的氮含量、烧结密度与硬度值。由于 SPS 加热和冷却速度很快，保温时间很短，因此虽然在真空中进行但粉末中大部分的氮能保留下来，这也使得 SPS 制备高氮不锈钢成为可能。从表中可以看出，烧结体中的氮含量是随着烧结温度的提高不断损失的，而烧结密度值不断提高，相比普通烧结，SPS 烧结在温度降低 200～300℃的情况下，烧结相对密度提高了 3%～4%，因此 SPS 快速烧结技术具有很强的促进烧结的作用，一般认为 SPS 可能存在以下几种致密化途径[115]：① 晶粒间的放电点产生局部高温，在晶粒表面引起蒸发和熔化，并在颗粒接触点形成"颈部"，从而直接促进了致密化过程。② 在脉冲电流的作用下，晶粒表面容易活化，各种扩散作用都得到加强，从而促进了致密化过程。对于实验用的两种球磨高氮不锈钢粉末，在 1 000℃烧结时相对密度已经超过 96%，在 1 100℃烧结时相对密度已达到 98%以上，继续提高温度烧结致密度提高很小，当在 1 200℃烧结时发现烧结体发生了熔化。比较两种球磨粉末同一温度下的烧结密度，发现机械合金化时间长的粉末可能因为氮、氧含量更高的缘故，其烧结后的密度相对更低。从硬度值上看，SPS 烧结后样品的硬度很高，大大超过传统的奥氏体不锈钢，这主要是因为 SPS 烧结时球磨粉末中纳米级晶粒来不及长大，烧结后形成超细的奥氏体晶粒，造成了细晶强化以及细小氮化物的弥散强化。随烧结温度的提高，烧结体的硬度值是下降的，这一方面可通过其烧结体的相组成变化来说明，在 800℃烧结组织中存在 Cr_2N 相，会使硬度明显提高；1 100℃烧结时组织中析出 α 相，使硬度值降低，另一方面烧结温度提高引起氮含量的降低及纳米晶

粒的长大，这也能引起烧结体硬度降低。

表 6-1　SPS 烧结试样的氮含量、密度与硬度

温度/℃	球磨时间	氮含量/%	密度/（g/cm³）	硬度/%	HV₁₀
800	48 h	1.07	7.13	91.46	522
	60 h	1.28	7.01	89.96.	544
1 000	48 h	0.98	7.60	97.54	458
	60 h	1.06	7.55	96.86	471
1 100	48 h	0.86	7.68	98.47	403
	60 h	0.93	7.67	98.34	424

图 6-5 为球磨 48 h 的粉末在不同 SPS 烧结温度下烧结样的断口 SEM 形貌，左边是放大 5 000 倍的照片，右边是放大 20 000 倍的照片。可见，与传统烧结工艺相比，SPS 烧结使晶粒显著细化且致密度显著提高，因此断口组织非常均匀致密，孔隙很少。SPS 烧结样的断口形貌与前面注射成形烧结样的断口类似，由于粉末中存在较多的氧化物，在 800℃烧结时由于烧结密度较低主要以沿晶和塑坑断裂为主，而在 1 000℃和 1 100℃烧结时，断口中塑坑的数量大大增多，塑坑尺寸浅而小，且中间夹杂极小的氧化物颗粒，其具体分析与第 5 章中注射成形烧结样的断口分析是一致的。

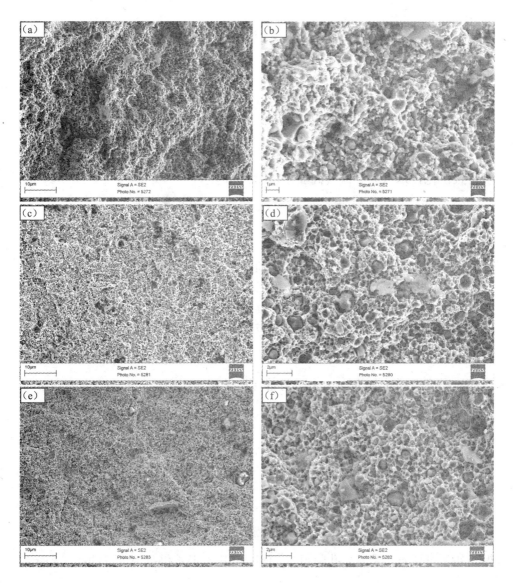

注：（a）和（b）为 800℃；（c）和（d）为 1 000℃；（e）和（f）为 1 100℃

图 6-5　不同温度 SPS 烧结试样的断口形貌

6.4　本章小结

① 对于高氮不锈钢粉末来说，由于 SPS 加热和冷却速度很快，保温时间很短，因此虽然在真空中进行但粉末中大部分的氮能保留下来，表明发展快速烧结致密化技术有利于制备高氮不锈钢。

② 在烧结压力 50 MPa，保温时间为 420 s 工艺条件下，对高能球磨 48 h 和 60 h 的无镍高氮不锈钢粉末进行 SPS 烧结，在 1 000℃时可以制备出全部奥氏体组织的无镍高氮不锈钢，其含氮质量分数分别为 0.98% 和 1.06%，烧结密度达到 97.54% 和 96.86%。

③ 随着 SPS 烧结温度的提高，烧结样品的致密度不断提高，而硬度及氮含量不断下降。由于 SPS 烧结技术具有很强的促进烧结作用，在 1 100℃烧结时相对密度已经达到 98% 以上，与普通烧结相比在温度降低 200～300℃的情况下，烧结相对密度提高了 2%～3%；从硬度值上看，SPS 烧结后样品的硬度很高，大大超过传统的奥氏体不锈钢，这主要是因为 SPS 烧结时球磨粉末中纳米级晶粒来不及长大，烧结后形成超细的奥氏体晶粒，造成了细晶强化以及细小氮化物的弥散强化。

（4）与传统烧结工艺相比，SPS 烧结使晶粒显著细化且致密度大大提高，断口组织非常均匀致密，孔隙很少，但断口基本形貌仍是由大量的微小塑坑组成，内部含有细小的氧化物颗粒，与普通烧结断口没有本质差别。

第 7 章　结　论

通过前面对机械合金化无镍高氮粉末的氮化、球化行为、粉末喂料的流变性能、注射坯的脱脂、烧结特性及机械合金化粉末的 SPS 烧结特性的全面研究和分析，本书得出了以下结论：

① 在转速为 400 r/min，球料比为 10∶1 条件下，原始混合粉末中氮含量随球磨时间的延长近似呈线性增长的关系，粉末氮含量与球磨时间的一元线性经验回归方程为：$w_N = 0.1929 + 0.0189t$，且线性回归非常显著，这有利于球磨过程中精确控制粉末氮含量。

② 机械合金化过程中，球磨初期粉末的破碎起主要作用，粉末颗粒迅速地细化，当球磨时间超过 48 h，冷焊与破碎逐渐达到了动态平衡，粉末颗粒尺寸趋于稳定，颗粒大小均匀，接近球形，绝大多数粉末颗粒的尺寸范围都在 5～10 μm，颗粒内已经实现了比较均匀的合金化。

③ 提高转速与球料比有利于加快粉末的合金化程度并提高粉末氮含量，但会使粉末黏结、氧化、污染加剧，合适的球磨工艺为：转速 400 r/min，球料比为 10∶1。

④ 高能球磨可以有效改善粉末的特性，球磨时间为 48 h 粉末的松装密度和振实密度较高，同时粉末球形度也较好，满足注射成形工艺要求。实验中采用

石蜡基多聚合物组元黏结剂体系，发现装载量为 58%时喂料的应变敏感性，温度敏感性等综合流变学性能较好，适合进行注射成形；实验确定的高氮不锈钢喂料的注射参数为：注射压力 100 MPa，注射温度 165℃。选择两步法进行脱脂即溶剂脱脂+热脱脂，脱脂效果良好。

⑤ 粉末球磨时间对烧结密度有一定的影响，随球磨时间的延长烧结密度先上升后下降，球磨 48 h 的粉末具有最高的烧结密度；不同的烧结方式对烧结密度影响较大，在流动氮气中烧结氧化物不能得到有效还原致使烧结密度较低，采用在 1 150℃真空脱氧处理后在氮气中烧结，由于高真空下粉末脱脂坯中的残余碳能有效还原粉末表面的 Cr_2O_3 和 MnO 等氧化物，使烧结密度大幅度提高；烧结温度对烧结密度及氮含量的影响很大，材料的密度随温度的升高而增加，其氮含量则降低；氮分压是一个比较重要的工艺参数，随着烧结氮分压的增加，烧结体的氮含量显著提高，烧结体的致密度成下降趋势；烧结体氮含量仅受到烧结温度及氮分压的影响，与其他烧结因素关系很小。

⑥ 球磨粉末最佳烧结工艺为真空脱氧（1 150℃×30 min）+氮气烧结（1 260℃×120 min），相对密度达到 97.90%，氮含量为 1.02%（m/m），拉伸试样的$\sigma_{0.2}$、σ_b、δ_5、Φ 及 HV_{10} 分别高达 627 MPa、965 MPa、11.3%、16.7%、312，其中强度和硬度指标已经达到国际上报道的同类材料的先进水平；雾化粉末最佳烧结工艺为流动氮气中 1 300℃烧结 120 min，相对密度达到 98.33%，氮含量为 0.78%（m/m），拉伸试样的$\sigma_{0.2}$、σ_b、δ_5、Φ 及 HV_{10} 分别为 580 MPa、885 MPa、26.0%、29.1%、222。在 3.5%NaCl 溶液中，球磨粉末在最佳烧结条件下制备的无镍奥氏体不锈钢由于具有更高的氮含量，呈现出典型的活化-钝化金属极化曲线的特征，点蚀电位达到 1.29 V，远高于铸造 316L 不锈钢点蚀电位（0.67 V），也高于雾化合金粉烧结试样（1.01 V）。与雾化粉末烧结试

样相比，球磨粉末的烧结试样表现出更高的力学性能和更优异的抗点蚀能力，说明采用廉价的球磨粉末替代成本较高的雾化粉末来制备高性能的无镍高氮不锈钢是可行的。

⑦ 对球磨粉末进行注射成形制备出了 0Cr17Mn11Mo3N 不锈钢滚珠丝杠反向器复杂零件制品，烧结制品具有较高的尺寸精度，达到±0.15%，高于工业生产中对 PIM 制品±0.3%的精度要求，制品的耐点蚀能力远高于常用的注射成形 17-4PH 不锈钢反向器零件，这对延长零件在服役条件下的使用寿命具有十分重要的意义。

⑧ 固溶处理对 0Cr17Mn11Mo3N 无镍高氮不锈钢的组织和性能有着显著影响，固溶处理前的烧结体由大量的 γ 奥氏体、少量的 α 铁素体、Cr_2N 及 $CrMn_{1.5}O_4$ 相组成，Cr_2N 相析出会造成不锈钢的韧性和耐蚀性下降，通过 1 150 ℃×1.5 h 固溶处理后水冷，Cr_2N 相完全消除，试样形成均一的全奥氏体组织，材料的强韧性能全面提高，点蚀电位也明显提高。

⑨ 对高能球磨 48 h 和 60 h 的高氮不锈钢粉末在烧结压力为 50 MPa，保温时间为 420 s 进行 SPS 烧结，由于 SPS 快速烧结和冷却的特点能够防止粉末中氮的损失，在 1 000 ℃获得了全部奥氏体组织的无镍高氮不锈钢，其含氮质量分数分别为 0.98%和 1.06%，烧结密度分别达到 97.54%和 96.86%。

参考文献

[1] 杜存臣. 奥氏体不锈钢在工业中的应用[J]. 化工设备与管道，2003，40（2）：54-57.

[2] Reclaru L，Ziegenhagen R，Eschler P Y，Blatter A，Lemaitre J. Comparative corrosion study of "Ni-free" austenitic stainless steels in view of medical applications[J]. Acta Biomaterialia，2006，2（4）：433-444.

[3] Rondelli G，Torricelli P，Fini M，Giardino R. In vitro corrosion study by EIS of a nickel-free stainless steel for orthopaedic applications[J]. Biomaterials，2005，26：739-744.

[4] Wang J，Uggowitzer P J，Magdowski R，Speidel M O. Nickel-free duplex stainless steels[J]. Scripta Materialia，1999，40（1）：123-129.

[5] Hanninen H，Romu J，Iiolar R，Tervo J，Laitinen A. Effects of processing and manufacturing of high nitrogen-containing stainless steels on their mechanical，corrosion and wear properties[J]. Journal of Materials Processing Technology，2001，117：424-430.

[6] 冯珊，张树格. 高氮钢[J]. 机械工程材料，1993，17（6）：1-2.

[7] Tandon R，Simmons J W，Covino B S，Russell J H. Mechanical and corrosion properties of nitrogen-alloyed stainless steels consolidated by MIM[J]. The International Journal of Powder Metallurgy，1998，34（8）：47-54.

[8] Simmons J W，Kemp W E，Dunning J S. The P/M processing of high-nitrogen stainless steels[J].

JOM，1996，48（4）：20-23.

[9]　Rawers J C，Maurice D. Understanding mechanical infusion of nitrogen into iron powders[J]. Acta Metallurgica et Materialia，1995，43（11）：4101-4107.

[10]　陈君平，施雨湘，张凡，韩钰. 高能球磨中的机械合金化机理[J]. 机械，2004，31（3）：52-54.

[11]　Qu Xuanhui，Fan Jinglian，Li Yimin，Huang Baiyun. Synthesis and characteristics of W-Ni-Fe nano-composite powders prepared by mechanical alloying[J]. Trans. Nonferrous Met. Soc. China，2000，10（2）：172-175.

[12]　陆世英. 不锈钢[M]. 北京：原子能出版社，1995.

[13]　杨建川. 不锈钢的历史、现状和未来[J]. 南方钢铁，1998，103：17-24.

[14]　Wohlfromm H，Blomacher M，Weinand D. 粉末注射成形不锈钢-制取工艺、性能、应用[J]. 粉末冶金工业，2002，12（4）：7-15.

[15]　罗永赟. 近代超级不锈钢的发展[J]. 特殊钢，2000，21（4）：5-8.

[16]　黄元恒. 近年来国外不锈钢发展状况[J]. 上海钢研，1999（1）：37-48.

[17]　李殿魁. 不锈钢的工艺进步和功能不锈钢的发展[J]. 上海钢研，2000（1）：41-47.

[18]　Speidel M O. 高氮钢的性能和用途[J]. 大型铸锻件文集，1989（2）：153-157.

[19]　林企曾，董翰. 含氮不锈钢的研究与开发[J]. 不锈，2004（2）：17-20.

[20]　周灿栋，丁伟中，蒋国昌. 高氮钢的显微组织和机械性能的特点及其发展[J]. 包头钢铁学院学报，1999，18（增刊）：393-397.

[21]　Simmons J W. Mechanical properties of isothermally aged high-nitrogen stainless steel[J]. Metallurgical and Materials Transactions A，1995，26（8）：2085-2101.

[22]　Simmons J W. Influence of nitride（Cr_2N）precipitation on the plastic flow behavior of high-nitrogen austenitic stainless steel[J]. Scripta Metallurgica et Materialia，1995，32（2）：

265-270.

[23] 戴起勋，袁志钟，程晓农. 含氮奥氏体钢时效析出 Cr_2N 的数值模拟[J]. 江苏大学学报：自然科学版，2004，25（2）：168-171.

[24] Ustinovshikov Y，Ruts A，Bannykh O. Microstructure and properties of the high-nitrogen Fe–Cr austenite[J]. Materials Science and Engineering，1999，A262：82-87.

[25] Horvath W，Hofer H，Werner E. Yield strength of nitrogen alloyed duplex steels：Experiments and micromechanical predictions[J]. Computational Materials Science，1997（9）：76-84.

[26] 袁志钟，戴起勋，程晓农. 氮在奥氏体不锈钢中的作用[J]. 江苏大学学报：自然科学版，2002，23（3）：72-75.

[27] 沈国雄，刘斌. 氮对 304 奥氏体不锈钢组织和力学性能的影响[J]. 钢铁研究学报，1997，9（6）：33-36.

[28] Simmons J W. Strain hardening and plastic flow properties of nitrogen-alloyed Fe-17Cr-（8-10）Mn-5Ni austenitic stainless steels[J]. Acta materialia，1997，45（6）：2467-2475.

[29] 孙长庆. 超级奥氏体不锈钢的发展，性能与应用[J]. 化工设备设计，1999，36：38-44.

[30] Schino A D，Kenny J M. Grain refinement strengthening of a micro-crystalline high nitrogen austenitic stainless steel.[J]. Materials Letters，2003，57：1830-1834.

[31] 张仲秋，李新亚，娄延春. 含氮不锈钢研究的进展[J]. 铸造，2002，51（11）：661-665.

[32] 刘文昌，张静武，郑炀曾. 氮强化高锰奥氏体不锈钢的应变硬化行为[J]. 金属热处理学报，1995，16（3）：33-38.

[33] Heino S，Karlsson B. Cyclic deformation and fatigue behaviour of 7Mo-0.5N superaustenitic stainless steel-stress-strain relations and fatigue life[J]. Acta materialia，2001，49：339-351.

[34] Vogt J B. Fatigue properties of high nitrogen steels[J]. Journal of Materials Processing Technology，2001，117：364-369.

[35] 何国求，高庆，孙训方. 固溶氮原子对不锈钢单轴及多轴低周疲劳特性的影响[J]. 金属学报，2000，36（1）：37-42.

[36] 许崇臣，冈毅民，李民保. 氮对高纯奥氏体不锈钢耐晶间腐蚀性能的影响[J]. 腐蚀科学与防护技术，1997，9（3）：192-196.

[37] 许崇臣，冈毅民. 氮含量对高纯奥氏体不锈钢耐蚀性能的影响及机理的研究[J]. 钢铁研究学报，1996，8：20-25.

[38] Mudali U K，Shankar P，Ningshen S. On the pitting corrosion resistance of nitrogen alloyed cold worked austenitic stainless steels[J]. Corrosion Science，2002，44：2183-2198.

[39] Chou S L，TsaiM J，Tsai W T. Effect of nitrogen on the electrochemical behavior of 301LN stainless steel in H_2SO_4 solutions[J]. Materials Chemistry and Physics，1997，51：97-101.

[40] 郎宇平，康喜范. 超级高氮奥氏体不锈钢的耐腐蚀性能及氮的影响[J]. 钢铁研究学报，2001，13（1）：30-35.

[41] 郎宇平，康喜范. 高氮奥氏体及其冶炼和应用[J]. 不锈，2002（2）：6-8.

[42] Olefjord I，Wegrelius L. The influence of nitrogen on the passivation of stainless steels[J]. Corrosion Science，1996，38（7）：1203-1220.

[43] Baba H，Kodama T，Katada Y. Role of nitrogen on the corrosion behavior of austenitic stainless steels[J]. Corrosion Science，2002，44：2393-2407.

[44] Azuma S，Miyuki H，Kudo T. Effect of alloying nitrogen on crevice corrosion of austenitic stainless steels[J]. ISIJ International，1996，36（7）：793-798.

[45] 傅万堂，荆天辅，郑炀曾. 新型铬锰氮不锈钢的抗气蚀性能[J]. 钢铁研究学报，1997，9（5）：38-42.

[46] Fu Wantang，Zheng Yangzeng，He Xiaokui. Resistance of a high nitrogen austenitic steel to cavitation erosion[J]. Wear，2001，249：788-791.

[47] Mills D J，Knutsen R D. An investigation of the tribological behaviour of a high-nitrogen Cr-Mn austenitic stainless steel[J]. Wear，1998，215：83-90.

[48] Simmons J W. Overview：high-nitrogen alloying of stainless steels[J]. Materials Science and Engineering，1996，A207：159-169.

[49] 周灿栋，丁伟中，蒋国昌. 高氮钢的熔炼及试生产技术[J]. 包头钢铁学院学报，1999，18：387-392.

[50] Rawers J，Asai G，Doan R. Mechanical and microstructural properties of nitrogen-high pressure melted Fe-Cr-Ni alloys[J]. Journal of Materials Research，1992，7（5）：1083-1092.

[51] Anon. High-pressure-nitrogen alloying of steels[J]. Advanced materials & processes，1990，138（2）：50-52.

[52] 陆利明，李宏，壮云乾. 氮气加压熔炼高氮钢若干理论问题探讨[J]. 钢铁研究学报，1995，8（1）：6-10.

[53] 陆利明，壮云乾，蒋国昌. 高氮钢的研究和发展[J]. 特殊钢，1996，17（3）：1-6.

[54] Dunning J S. 高氮钢的先进处理技术[J]. 国外金属加工，1995（2）：58-61.

[55] 王洪海. 不锈钢粉末的生产和应用[J]. 粉末冶金工业，1992（4）：24-29.

[56] Rawers J C，Govier D，et al. Nitrogen addition to iron powder by mechanical alloying[J]. Materials Science and Engineering，1996，A220：162-167.

[57] Chen Y，Williams J S. High-energy ball-milling-induced non-equilibrium phase transformations[J]. Materials Science and Engineering，1997，A226-228：38-42.

[58] Wohlfromm H，Uggowitzer P J. P.A.N.A.C.E.A. provides the answer to Ni allergy[J]. Metal Powder Report，1998，53（9）：48-52.

[59] 罗永赞，秦连祥，刘景宜. 氮强化高强耐蚀复相不锈钢的开发和应用[J]. 材料开发与应用，1994，9（5）：10-15.

[60] 徐效谦. 不锈钢牌号发展动向[J]. 辽宁特殊钢，2003（1）：1-8.

[61] Disegil J A，Eschbachz L. Stainless steel in bone[J]. Surgery，2000，31（4）：2-6.

[62] 张伟，王树林. 机械合金化的研究和发展[J]. 矿山机械，2003（8）：50-53.

[63] 杨君友，张同俊，李星国. 机械合金化研究的新进展[J]. 功能材料，1995，26（5）：477-479.

[64] 杨朝聪. 机械合金化技术及发展[J]. 云南冶金，2001，30（1）：38-42.

[65] 齐民，杨大智，朱敏. 机械合金化过程中的固态相变[J]. 功能材料，1995，26（5）：472-476.

[66] 王庆学，张联盟. 机械合金化-新型固态非平衡加工技术[J]. 中国陶瓷，2002，38（2）：36-39.

[67] Ji S J，Sun J C，Yu Z W. On the preparation of amorphous Mg-Ni alloys by mechanical alloying[J]. International Journal of Hydrogen Energy，1999，24：59-63.

[68] Suryanarayana C，Ivanov E，Boldyrev V V. The science and technology of mechanical alloying[J]. Materials Science and Engineering，2001，A304-306：151-158.

[69] 杨华明，邱冠周. 机械合金化（MA）技术的新进展[J]. 稀有金属，1998，22（4）：313-316.

[70] 王尔德，刘京雷，刘祖岩. 机械合金化诱导固溶度扩展机制研究进展[J]. 粉末冶金技术，2002，20（2）：109-112.

[71] 吴年强，李志章. 机械合金化的机制[J]. 材料导报，1997，11（6）：20-23.

[72] 王尔德，胡连喜. 机械合金化纳米晶材料研究进展[J]. 粉末冶金技术，2002，20（3）：135-138.

[73] 胡春和，唐电. 机械合金化非平衡产物[J]. 中国粉体技术，2001，7（6）：40-44.

[74] 朱心昆，林秋实. 机械合金化的研究及进展[J]. 粉末冶金技术，1999，17（4）：291-296.

[75] Chen Y，Halstead T，Williams J S. Influence of milling temperature and atmosphere on the synthesis of iron nitrides by ball milling[J]. Materials Science and Engineering，1996，A206：24-29.

[76] Zhuge L J，Yao W G，Wu X M. Mechanochemical nitridation by ball milling iron with

m-phenylene diamine[J]. Journal of Magnetism and Magnetic Materials，2003，257：95-99.

[77] 严红革，陈振华. 反应球磨技术原理及其在材料制备中的应用[J]. 功能材料，1997，28（1）：15-18.

[78] 邹正光，李金莲，陈寒元. 高能球磨在复合材料制备中的应用[J]. 桂林工学院学报，2002，22（2）：174-178.

[79] 陈鼎，严红革，黄培云. 机械力化学技术研究进展[J]. 稀有金属，2003，27（2）：293-298.

[80] 林文松. 机械合金化过程中的金属相变[J]. 粉末冶金技术，2001，19（3）：178-180.

[81] 张先胜，冉广. 机械合金化的反应机制研究进展[J]. 金属热处理，2003，28（6）：28-32.

[82] 肖平安，曲选辉，秦明礼. 球磨速度和过程控制剂对 Ti-Cr 合金机械合金化的影响研究[J]. 稀有金属材料与工程，2003，32（9）：765-768.

[83] 杨圣品，施雨湘. 高能球磨法制备金属微粉的研究[J]. 焊接技术，2002，31（3）：43-44.

[84] Krasnowski M，Kulik T. FeAl-TiN nanocomposite produced by reactive ball milling and hot-pressing consolidation[J]. Scripta Materialia，2003，48：1489-1494.

[85] 范景莲，黄伯云，汪登龙. 过程控制剂对机械合金化过程与粉末特征的影响[J]. 粉末冶金工业，2002，12（2）：7-12.

[86] 李松林，曲选辉，李益民，黄伯云. 国外注射成形不锈钢研究的进展[J]. 粉末冶金工业，2001，11（3）：18-20.

[87] 贾成厂，吕效森，解子章，朱家喜. 不锈钢较粗粉末的注射成形[J]. 北京科技大学学报，1996，18（3）：241-243.

[88] 曹勇家. 金属注射成形不锈钢. 粉末冶金技术[J]，2000，18（4）：274-276.

[89] 郭庚辰. 奥氏体不锈钢粉末压坯的液相烧结[J]. 粉末冶金工业，1998，8（4）：30-37.

[90] Omar M A，Ibrahim R，Sidik M I，Mustapha M，Mohamad M. Rapid debinding of 316L stainless steel injection moulded component[J]. Journal of Materials Processing Technology，

2003，140：397-400.

[91] 李益民，刘绍军，黄伯云，曲选辉，张传福. 粉末装载量和气氛对 MIM 不锈钢脱脂过程的影响[J]. 材料科学与工艺，2000，8（3）：54-57.

[92] 李笃信，黄伯云. 金属注射成形技术的研究现状[J]. 材料科学与工程，2002，20（1）：136-139.

[93] Li Yimin，Liu Shaojun，Qu Xuanhui，Huang Baiyun. Thermal debinding processing of 316 L stainless steel powder injection molding compacts[J]. Journal of Materials Processing Technology，2003，137：65-69.

[94] 姜峰，李益民，李松林. 烧结气氛对 MIM 316L 不锈钢微观组织和性能的影响[J]. 粉末冶金工业，2003，13（6）：18-22.

[95] 颜炼，李克厚. 粉末注模提高不锈钢的氮[J]. 钢铁研究，1997（4）：63-64.

[96] Rawers J，Croydon F，Krabbe R，Duttlinger N. 氮强化粉末注射成形不锈钢[J]. 粉末冶金工业，1997，7（5）：38-40.

[97] Meng Q，Zhou N，Rong Y. Size effect on the Fe nanocrystalline phase transformation[J]. Acta Materialia，2002，50（18）：4563-4570.

[98] Miura H，Ogawa H. Preparation of nanocrystalline high-nitrogen stainless steel powders by mechanical alloying and their hot compaction[J]. Materials transactions，2001，42（11）：2368-2373.

[99] 张同俊，杨君友，张杰. Fe-Ni 系粉末机械合金化热力学[J]. 应用科学学报，1997，15（4）：453-458.

[100] 李益民，曲选辉，黄伯云. 金属注射成形喂料的流变学性能评价[J]. 材料工程，1999，7：32-35.

[101] German R，曲选辉译. 粉末注射成形[M]. 长沙：中南大学出版社，2001.

[102] Uggowitzer P J，Bahre W F，Speidel M O. Metal injection moulding of nickel-free stainless steels[J]. Advances in Powder Metallurgy and Particulate Materials，1997，3（18）：113-121.

[103] Uggowitzer P J，Bahre W F，Wohlfromm H. Nickel-free high nitrogen austenitic stainless steels produced by metal injection moulding[J]. Materials Science Forum，1999，318-320：663-672.

[104] 傅万堂，王正，刘文昌. 18Mn-18Cr-0.5N 钢氮化物等温析出动力学研究[J]. 1998，33（9）：45-48.

[105] Bannykh O，Blinov M. On the effect of discontinuous decomposition on the structure and properties of high-nitrogen Steels and on methods there of[J]. Steel Research，1991，62：38-44.

[106] Saucedo M L，Watanabe Y，Shoji T，Takahashi H. Effect of microstructure evolution on fracture toughness in isothermally aged austenitic stainless steels for cryogenic applications[J]. Cryogenics，2000，40（11）：693-700.

[107] 董瀚，Speidel M O. 可持续发展的高氮奥氏体不锈钢[J]. 不锈，2004（2）：1-3.

[108] Tandon R，Simmons J W，Russell J H，Covino B S. Properties of high-strength nitrogen-alloyed stainless steel consolidated by metal injection molding[J]. Advances in Powder Metallurgy and Particulate Materials，1997，3（18）：123-134.

[109] Speidel M O，Pedrazzoli R M. High nitrogen stainless steels in chloride solutions[J]. Materials Performance，1992，31（9）：59-61.

[110] 范景莲，黄伯云，曲选辉. 注射坯成形质量与尺寸精度的控制模型[J]. 稀有金属材料与工程，2005，34（3）：367-370.

[111] 李松林，李益民，曲选辉，黄伯云. 金属注射成形尺寸精度的影响因素及其控制[J]. 粉末冶金工业，1998，8（5）：7-12.

[112] 杨俊逸，李小强，郭亮. 放电等离子烧结（SPS）技术与新材料研究[J]. 2006，20（6）：94-97.

[113] 罗锡裕. 放电等离子烧结材料的最新进展[J]. 粉末冶金工业，2001，11（6）：7-16.

[114] 冯海波，周玉，贾德昌. 放电等离子烧结技术的原理及应用[J]. 材料科学与工艺，2003，11（3）：327-331.

[115] Gao Lian，Miyamoto Hiroki. Spark Plasma Sintering Technology[J]. Journal of Inorganic Materials，1997，12（2）：129-134.